Problemas de
TERMODINÁMICA TÉCNICA

Prof. Ing. Fernando Arenas
Prof. Titular de las Cátedras de *Termodinámica* y de *Termotecnia*
de la Facultad de Ciencias Exactas, Físicas y Naturales (UNC)

PROBLEMAS DE TERMODINÁMICA TÉCNICA

Pje España 1467. Te/Fax: 4680913. (5000) Córdoba. Argentina – editorialuniversitas@yahoo.com.ar

Diseño Gráfico: Jeremias Sarmiento
Dibujos: Ing. Jorge G. Sarmiento y Sebastian Gudiño
Producción Gráfica: Universitas. Editorial Científica Universitaria

ISBN: 978-987-572-804-2

Material de Estudio para estudiantes de las Carreras de Ingeniería de la Facultad de Ciencias Exactas, Físicas y Naturales de la Universidad Nacional de Córdoba.

UNIVERSITAS
Editorial
Científica
Universitaria
CÓRDOBA

INDICE

UNIVERSITAS
Editorial
Científica
Universitaria
CÓRDOBA

1

Energía y Propiedades Termodinámicas

Teniendo en cuenta las diferentes formas en que la energía se puede presentar en el universo y siendo importante el conocimiento en que puede transformarse, nos detendremos en el estudio de una que es de especial interés como es la de ***calor en trabajo mecánico***.

Como la Termodinámica utiliza una terminología particular, vamos a hacer mención a algunos términos característicos utilizados en su estudio.

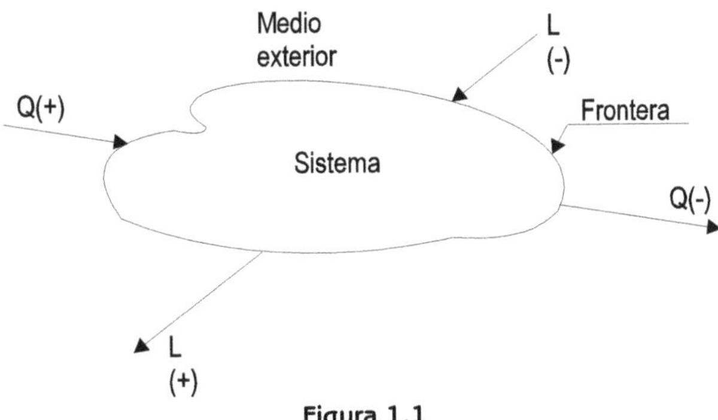

Figura 1.1

Sistema

Es la parte del universo que es motivo de estudio, siendo el medio exterior el que lo rodea. Ambos están separados por una frontera real o imaginaria.

Sistema aislado

Es aquel que no intercambia energía con el medio exterior.

Sistema cerrado

Cuando no se intercambia masa a través de la frontera entre el sistema y medio exterior.

Sistema abierto

Cuando hay pasaje de masa entre el sistema y medio exterior.

Sistema homogéneo

Cuando posee las mismas propiedades en toda su extensión

Parámetros

Propiedad observable de un cuerpo mediante nuestros sentidos o por aparatos de medición. Nos referimos solamente a estados de equilibrio, el tiempo no interviene.

Parámetros extensivos

Los que dependen de la masa. ***Ejemplo***: Entropía, Capacidad calorífica, Volumen, etc.

Parámetros intensivos

Los que son independientes de la cantidad de sustancia. ***Ejemplo***: Densidad, Temperatura, Viscosidad, etc.

Estado de un sistema

Conjunto de propiedades que caracterizan al sistema a través de sus parámetros, los cuales deben estar en equilibrio, no solamente entre si, ya que también deberá serlo con el medio exterior. En nuestro estudio nos interesan los parámetros, (p), (v), (t), presión, volumen y temperatura, los cuales están relacionados por la ecuación de estado.

$$f(p, v, t) = 0$$

Equilibrio termodinámico

Esto implica que existe:

1) Equilibrio térmico.

2) Equilibrio mecánico.

3) Equilibrio químico.

Presión

$$P = \frac{dF}{dA}$$

$$P_{abs} = P_{relativa} + P_{barometrica}$$

Unidades

1 Pascal = $1 Nw / m^2$

1 baria = $1 Dina / cm^2$, $1 bar = 10^6 barias$

1 $Atm_f = 1{,}033 Kg / cm^2 = 760 mm_{Hg} = 10{,}33 mH_2O$

1 $Atm_t = 1{,}00 Kg / cm^2 = 736 mm_{Hg} = 10{,}00 mH_2O$

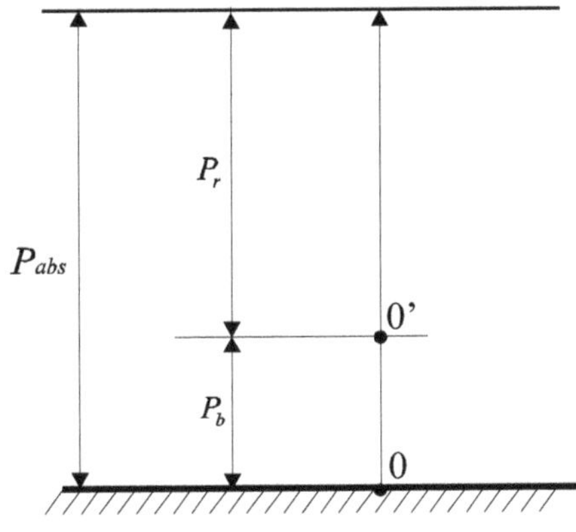

Figura 1.2

Volumen especifico:

$$v = \frac{dV}{dm} \left[\frac{m^3}{Kg} \right]$$

$$v = \frac{1}{\delta}$$

δ = densidad.

Temperatura:

Es el estado térmico con referencia a la capacidad de transmitir calor a otros cuerpos.

Escalas termométricas (relación)

$$\frac{t}{100} = \frac{R}{80} = \frac{F-32}{180} = \frac{T-273}{100}$$

a) $t = \frac{5}{4} R$ $\qquad R = \frac{4}{5} t$

b) $t = \frac{5}{9}(F-32)$ $\qquad F = \frac{9}{5} t + 32$

c) $R = \frac{4}{9}(F - 32)$ $\qquad$ $F = \frac{9}{4}R + 32$

d) $T = 273 + t$ $\qquad$ $t = T - 273$

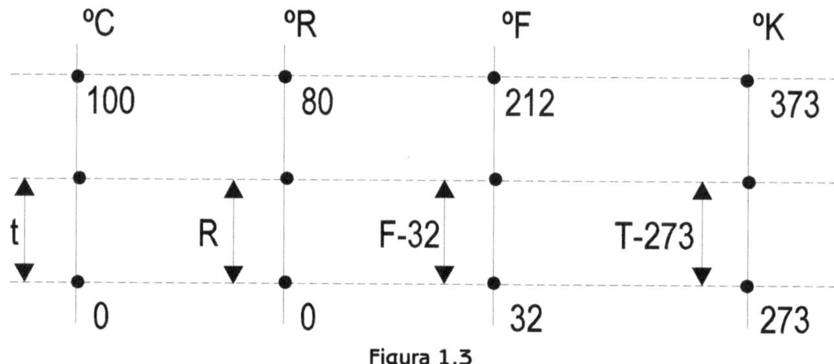

Figura 1.3

Ecuación general de la energía

Por tratarse la energía de una magnitud escalar y tratándose de un movimiento permanente que cumple con el principio de conservación podemos expresar por

$$\dot{m}gz_1 + \dot{m}\frac{V_1^2}{2} + \dot{U}_1 + p_1A_1V_1 + \dot{Q} = \dot{m}gz_2 + \dot{m}\frac{V_2^2}{2} + \dot{U}_2 + p_2A_2V_2 + \dot{L}_e$$

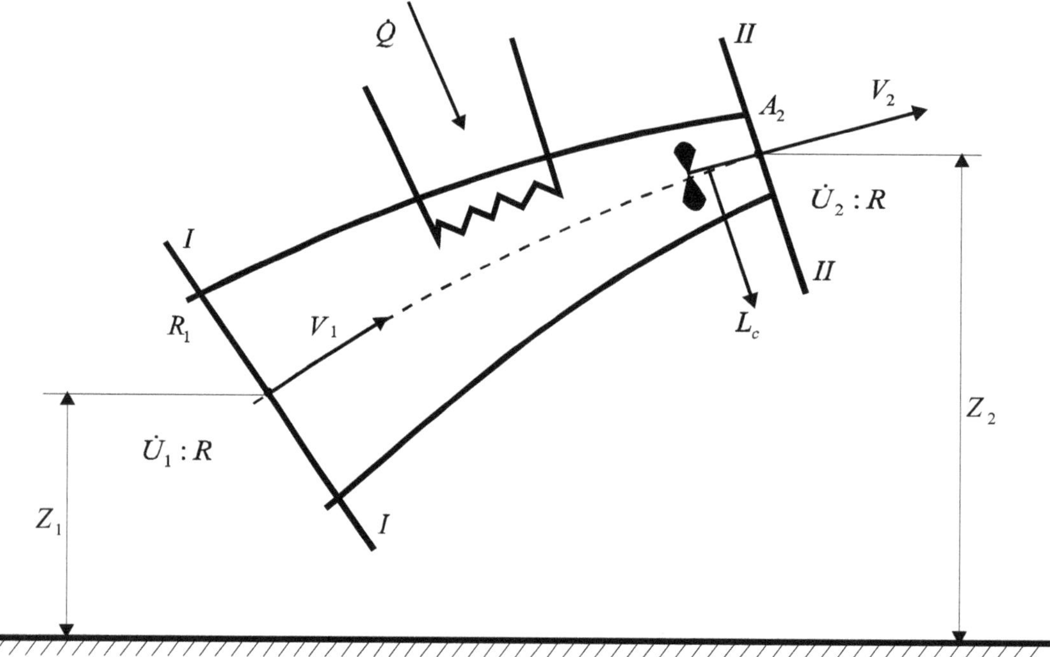

Figura 1.4

Ecuación general calorimétrica.

$$Q = cm(t_f - t_i)$$

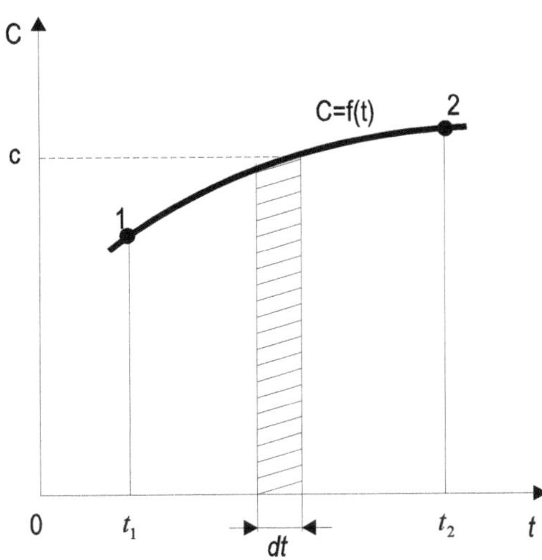

Figura 1.5

Calor específico.

Cantidad de calor necesaria para elevar en un grado Kelvin la unidad de masa.

$$c = \frac{Q}{m\Delta t}$$

Capacidad calorífica.

Cantidad de calor por unidad de salto térmico experimentado.

$$C = mc = \frac{Q}{\Delta t}$$

Algunas equivalencias importantes:

1 Kcal = 427 Kgm. 1 Kcal = 1000 cal.

1 BTU = 0,252 Kcal.

1 Kgm = 9,80 Joule.

1 Libra = 0,454 Kg.

1 ft = 0,305 m.

1 Kcal. Cantidad de calor necesaria para elevar la temperatura de un Kg de agua destilada entre 14,5 y 15,5 °C, a la presión atmosférica normal.

Relación de unidades de energía.

Nombre	Ergio	Julio	Kgm	F_t Lb	cal	B.T.U.
Ergio	1	10^{-7}	$1{,}02.10^{-8}$	$7{,}4.10^{-8}$	$2{,}39.10^{-8}$	$9{,}4.10^{-11}$
Julio	10^{-7}	1	0,102	0,737	0,239	$9{,}47.10^{-4}$
Kgm	$9{,}81.10^{7}$	9,81	1	7,23	$2{,}34.10^{-3}$	$9{,}29.10^{-3}$
F_t Lb	$1{,}35.10^{7}$	1,35	0,138	1	0,324	$1{,}28.10^{3}$
cal	$4{,}18.10^{7}$	4,18	0,427	3,08	1	$3{,}97.10^{-3}$
B.T.U.	$1055{,}9.10^{7}$	1055,9	107,6	778,26	252	1

Relación de unidades de potencia.

Nombre	Kw	Kgm/seg	CV	HP	Lb.f_t/seg
Kw	1	76,06	1,36	1,34	737,6
Kgm/seg	0,009	1	0,0133	0,0131	724
CV	0,736	75	1	0,986	542,9
HP	0,736	76	1,014	1	550
Lb.f_t/seg	$1{,}35.10^{-3}$	0,138	$1{,}84.10^{-3}$	$1{,}81.10^{-3}$	1
	Kw	**Kgm/seg**	**CV**	**HP**	**Lb.f_t/seg**

Relación entre las unidades de medida de presión

Nombre	N/m²	bar	kg/m²	kg/cm²	Atm_f	mm de Hg	Lb/plg²
1 N/m²	1	$1x10^{-5}$	1.101	$1.101x10^{-5}$	$0.986x10^{-5}$	$750.06x10^{-5}$	$14.5x10^{-5}$
1 *bar*	10^{5}	1	10197.2	1.01972	0.98692	750.06	14.50
1 kg/m²	9.80	$9.80x10^{-5}$	1	10^{-4}	$0.967x10^{-4}$	$735.5x10^{-4}$	$14.2x10^{-4}$
1 kg/cm²	$0.980x10^{5}$	0.980	10^{4}	1	0.967	735.5	14.22
1 Atm_f	$1.01x10^{5}$	1.013	$1.0330x10^{4}$	1.0330	1	760	14.69
10^3mm_{Hg}	$1.33x10^{5}$	1.33	$1.359x10^{4}$	1.359	$1.315x10^{4}$	10^{3}	19.33
10 lib/plg²	$0.689x10^{5}$	0.689	$0.703x10^{4}$	0.703	0.680	517,15	10

Ejercicios

Ejercicio 1.

Por el serpentín de la figura circula un caudal de H_2O de 12 Lt/min ingresando al mismo con una temperatura de 4°C y saliendo a 45°C. Si se estima que las perdidas son del orden del 35% y se utiliza un combustible de poder calorífico $f_1 = 10000 Kcal / Kg$ y $\rho = 0{,}89 Kg / dm^3$. ***Calcular***: cuantos Lt/hs serán necesarios y que consumo de KWH serian equivalentes.

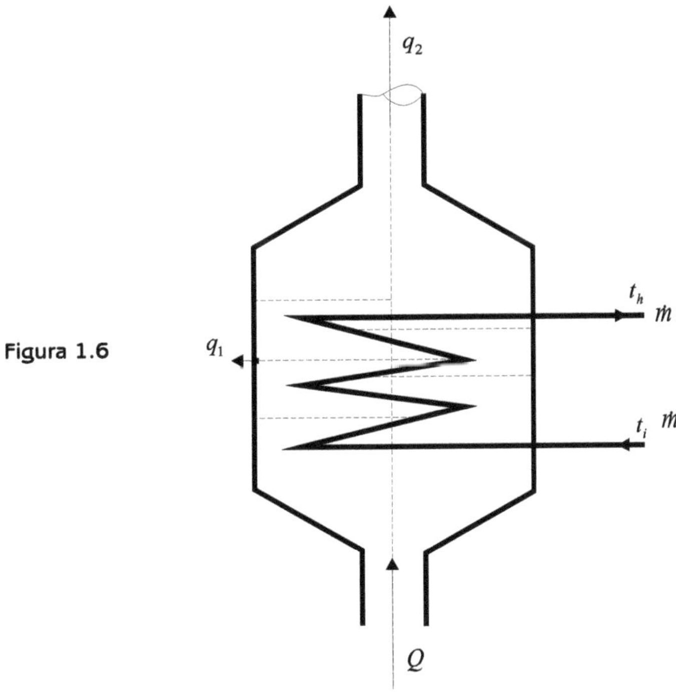

Figura 1.6

Repuesta.

a) 35,4 Lts/h

b) 46,00 KWH

Ejercicio 2.

Una bomba trabajando con movimiento permanente, eleva 3 Kg/seg de agua a la temperatura de 15 °C. La presión inicial es de 0,8 atm y la final de 3 atm. Si la tubería de entrada a la bomba tiene un diámetro de 0,10 m y a la salida de 0,05 m, realizando la descarga al mismo nivel que la aspiración.

Calcular

1) Trabajo que se debe suministrar en joule/Kg.

2) Potencia teórica de bombeo en KW y CV, prescindiendo de las perdidas por rozamiento en las tuberías y la bomba.

Respuesta.

a) 216,58 J/Kg.

b) 646,8 vatios, 0,646 KW, 0,88 CV

Ejercicio 3.

Por un radiador se hace circular vapor de agua con una presión de entrada de 1,05 atm, siendo su volumen especifico de 1,63 m^3/Kg y una entalpía igual a 640 Kcal/Kg. El vapor se condensa y sale del aparato a 1,05 Atm. De presión, volumen específico igual a 0,00104 m^3/Kg y entalpía de 100 Kcal/Kg. Si se desprecian los cambios de velocidad y de altura ¿Cuál será el calor que entrega por cada Kg de vapor?

Respuesta.

-539,15 Kcal/Kg.

Ejercicio 4.

Una bomba que trabaja con movimiento permanente eleva un liquido desde un deposito a un tanque como se indica en la figura. Calcular la potencia teórica de la instalación de bombeo sin considerar las perdidas por resistencia en la tubería y cuerpo de la bomba. El caudal de bombeo es de 15 Kg/seg y los diametros de la tubería antes y después de la bomba son iguales.

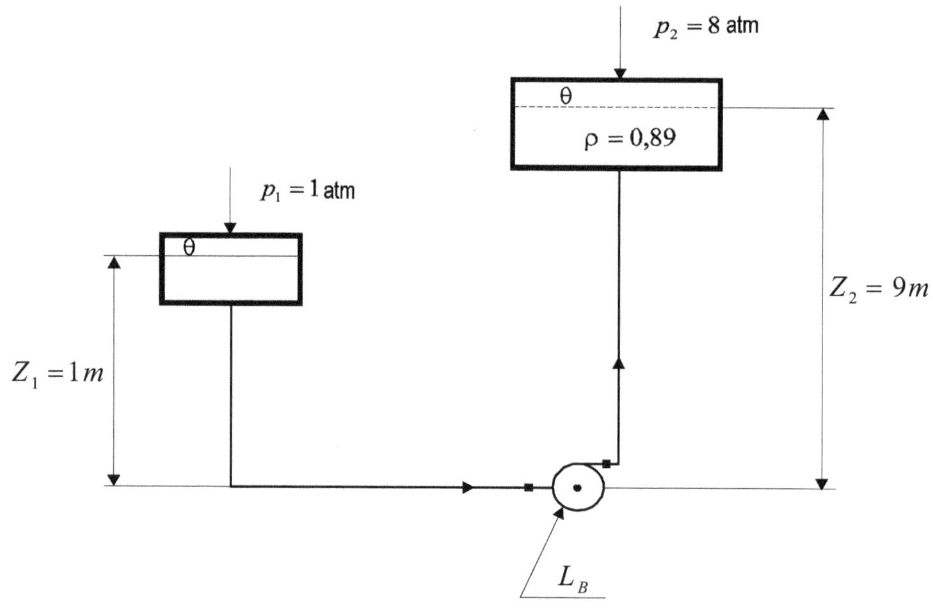

Figura 1.7

Repuesta.

863,30 Kj/h

Ejercicio 5.

Un cilindro de diámetro d = 200 mm está herméticamente cerrado por un émbolo que cuelga de un resorte. Este émbolo se considera de peso despreciable y se desliza sin rozamiento. En el cilindro se ha practicado un vacío del 90% de la presión barométrica. P_b=1,01 bar. Determinar la fuerza F del resorte cuando el émbolo no se mueve.

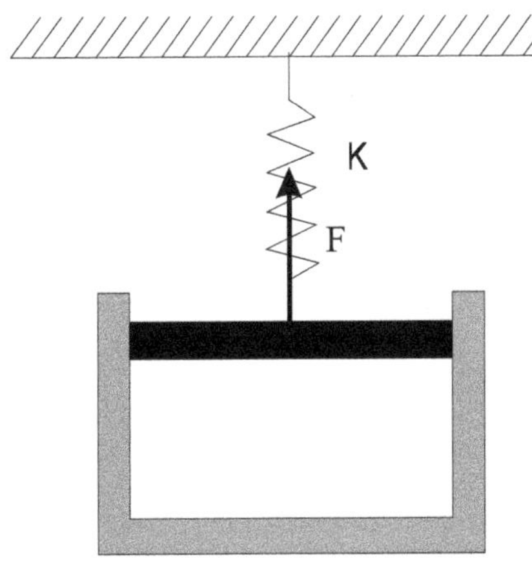

Figura 1.8

Repuesta.

F=2854 Nw

2

CALOR

Ejercicio N° 1

Calcular la cantidad de calor que es necesario suministrar a un depósito de $50lts.$ de capacidad para aumentar su temperatura de $15°C$ a $65°C$, suponiendo que el calor es integramente absorbido por el líquido. Calcular: el gasto de energía eléctrica en KWh.

Respuesta:

$2{,}90KWh$

Ejercicio N° 2

Deben calentarse $5000lts$ de H_2O a $20°C$ hasta $70°C$ por mezcla con vapor a la presión atmosférica. Determinar el número de Kg de vapor necesarios. (Calor de vaporización a la presión atmosférica: $2258{,}42KJ/Kg$ - $539{,}7Kcal/Kg$.

Respuesta:

$438Kg$

Ejercicio N° 3

Se deben calentar $5000Kg$ de H_2O desde $20°C$ a $70°C$ mediante vapor a $1atm$ a contracorriente, de manera que el vapor condensado salga del aparato a la temperatura de $30°C$. Determinar la cantidad de vapor necesaria.

Respuesta:

$410Kg$.

Ejercicio N° 4

Un fluido refrigerante hace que dos termómetros colocados en él marquen el mismo número de grados para las escalas Fahrenheit y Celsius. Calcular la temperatura del fluido.

Respuesta:

$-40^\circ C$

Ejercicio N° 5

En un recipiente existen $200gr$. de un líquido cuyo calor específico es $c = 3{,}35J / gr^\circ K$. Si su temperatura es de $25^\circ C$ y se agregan $10gr$. de hielo a $0^\circ C$, cual será la temperatura final de la mezcla, suponiendo que no hay pérdidas.

Respuesta:

$18{,}8^\circ C$

Ejercicio N° 6

Se desean obtener $150lts$ de H_2O a la temperatura de $40^\circ C$. Se dispone de $100lts$ de H_2O a $10^\circ C$. Indicar a que temperatura es necesario agregar los $50lts$ restantes para lograr el propósito, suponiendo que no haya pérdidas.

Respuesta:

$1003^\circ C$

Ejercicio N° 7

Un motor de alcohol cuya potencia es de $3{,}6KW$, consume $2{,}3Kg$ de combustible por hora. ¿Cuál será su rendimiento económico si el poder calorífico del combustible empleado es $23876{,}5KJ / Kg$.

Respuesta:

25%

Ejercicio N° 8

Se desean obtener $50lts$. de H_2O a $40^\circ C$ mezclándola con $20lts$ a la temperatura de $10^\circ C$. a) Determinar la cantidad de calor necesaria para calentar los $30lts$ restantes. b) Calcular la temperatura que deberán tener inicialmente los $30lts$. c) Establecer la potencia que debe suministrarse en KWH, suponiendo que no existen pérdidas.

Respuesta:

a. $2510{,}76\ KJ$ **b.** $60^\circ C$ **c.** $0{,}75\ KWh$

3

PRIMER PRINCIPIO

Ejercicio N° 1

¿Qué cantidad de H_2O será necesario suministrar por hora al freno dinamométrico de la figura si se determina que el par motor es de $2000J$ a $1500r.p.m.$ y el incremento de temperatura es de $35°C$. Se estima que aproximadamente el 20% se disipa al medio circundante.

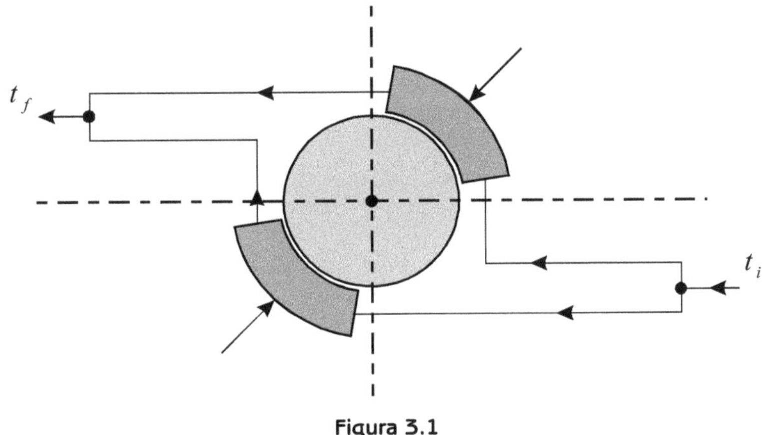

Figura 3.1

$$\%N = mc_p\Delta t$$

$$N = \frac{2\pi nc_m}{60}$$

$$m = \frac{2\pi c_m 0,80}{60c_p\Delta t} = 6180Kg/h$$

Ejercicio N° 2

Un gas es enfriado manteniendo la presión constante de $7atm$ en un cilindro de $25cm$ de diámetro. El émbolo recorre $60cm$ y se transfieren $6Kcal$ al medio exterior durante ese proceso. Suponiendo la transformación reversible, calcular la variación de la energía interna y considerando el gas perfecto apreciar si su temperatura aumentará o disminuirá.

Respuesta:

$\Delta U = -0{,}398 KJ$

$-1{,}16 Kcal$

t, disminuye.

Ejercicio N° 3

Una instalación de turbina de vapor de $10^5 KW$ de potencia gasta $0{,}37 Kg$ de combustible por KWh. Determinar el gasto de los ventiladores en Kg/h, si para quemar $1 Kg$ de combustible se necesitan $15 m^3$ de aire en condiciones normales.

Respuesta:

$717{,}2 Tn/h$

Ejercicio N° 4

Por un canal de forma arbitraria como se muestra en la figura pasan $5 Kg/s$ de aire. A la entrada la entalpía del gas es de $293 KJ$, la velocidad del fluido es de $30 m/s$ y $z_1 = 30 m$. A la salida la entalpía es $300 KJ/Kg$, $V_2 = 15 m/s$ y $z_2 = 10 m$. Al pasar por el canal el gas recibe $30 KJ/s$ en forma de calor. ¿Cuál será el trabajo que realiza la corriente del fluido?

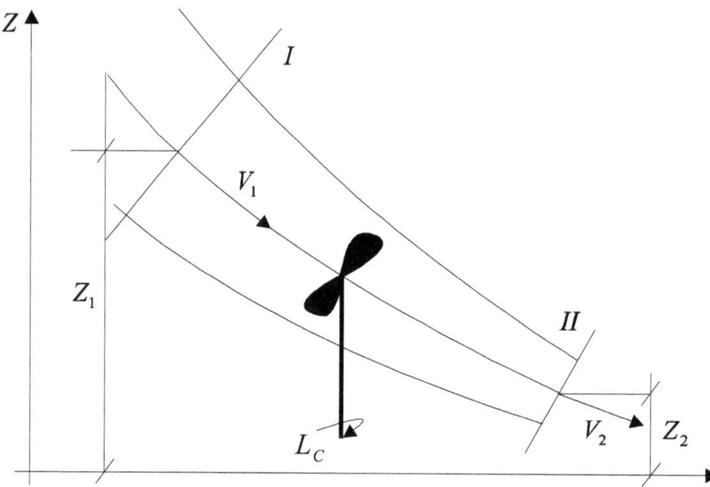

Figura 3.2

Respuesta:

Sobre el flujo se realiza $L = -2{,}331 KJ/s$

Ejercicio N° 5

En un cilindro, cuya sección transversal es igual a $1dm^2$, debajo del émbolo se encuentran $0{,}5Kmol$ de N_2 a la temperatura de $63°C$. El émbolo se halla bajo la carga exterior constante de $2KN$. Al gas se le suministra desde el exterior $Q = 6300KJ$, a consecuencia de lo cual se expande y desplaza el émbolo.

Determinar los parámetros p, v, t al final del proceso, variación de energía interna, entalpía y trabajo realizado por el gas.

Respuesta:

$$P_1 = P_2 = 2.10^5 N/m^2$$

$v_2 = 1{,}12m^3/Kg,$ $t = 484°C$

$\Delta U = 4549KJ,$ $\Delta I = 6300KJ$

$$\Delta L = 1751KJ$$

Ejercicio N° 6

Una botella de H_2 se saca de un local a la temperatura $t_1 = 5°C$ y se lleva a la sala de máquinas, donde la temperatura alcanza $25°C$. Determinar la cantidad de calor recibida una vez equilibrada la temperatura, si la presión inicial era de $120bar$. La capacidad de la botella es de 40 dm $40dm^3$. ***Hallar*** la variación de entalpía.

Respuesta:

$$Q = 84{,}4KJ$$

$$\Delta H = 118{,}4KJ$$

Ejercicio N° 7

Un tambor de volumen $V = 0{,}10m^3$, contiene aire a la presión de $1bar$ y $20°C$, se lo llena mediante una tubería de aire comprimido que está a la presión de $7bar$ y temperatura de $80°C$. Las condiciones en la tubería no se alteran y la presión final en el tambor puede llegar hasta $7bar$. Determinar la masa de aire y la temperatura en esas condiciones.

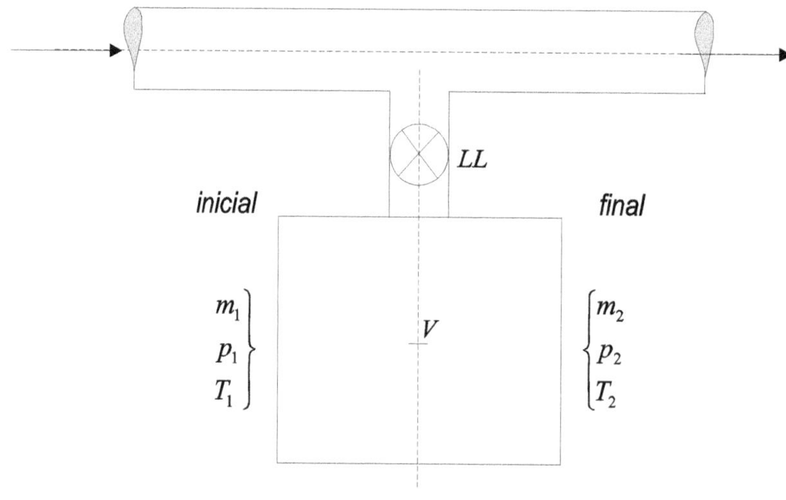

Figura 3.3

$$(m_2 - m_1)h_e = u_2 m_2 - u_1 m_1$$

$$c_p T(\frac{m_2}{m_1} - 1) = c_v(\frac{m_2}{m_1} T_2 - T_1)$$

$$\frac{m_2}{m_1} = \frac{p_2 \frac{V}{R} T_2}{p_1 \frac{V}{R} T_1} = \frac{p_2 T_1}{p_1 T_2}$$

$$c_p T(\frac{p_2}{p_1} \frac{T_1}{T_2} - 1) = c_v(\frac{p_2}{p_1} T_1 - T_1)$$

luego

$$T_2 = 450°K$$

$$m_2 = \frac{p_{2v}}{RT_2} = 0{,}531 Kg$$

Ejercicio N° 8

Una masa de aire con una presión de un bar, volumen de $2m^3$ y temperatura de $27°C$, es comprimido hasta $5bar$ y $0{,}4m^3$ manteniéndose la temperatura constante.

Determinar la cantidad de calor puesta en juego durante la transformación, aplicando la tercera ecuación de Clausius.

Respuesta:

$320{,}12KJ, \quad 76{,}5Kcal$

Ejercicio N°9

Un recipiente de $0{,}14m^3$ contiene aire inicialmente a $7bar$ y $37°C$. El recipiente se ajusta mediante una válvula de escape automáticamente de presión y se mantiene a presión constante de 7 bar.

Determinar el calor que debe ser absorbido por el fluido si la temperatura de la masa que queda en el recipiente aumenta a $287°$

Respuesta:

$Q = 198{,}76KJ$

$47{,}5Kcal$

Ejercicio N°10

Tenemos un compresor que aspira aire a la presión de $1bar$ y $14°C$ y lo expulsa a $9bar$ y $157°C$. A la refrigeración se transfieren $67KJ/Kg$.

Calcular:

a) Trabajo suministrado al compresor, considerando despreciables las variaciones de E_c, E_p

b) Si el caudal comprimido es $2{,}24m^3/min$ determinar el calor que absorbe la refrigeración.

c) Potencia teórica del compresor en KW.

Respuesta:

$L_c = -212{,}17KJ/Kg$

$Q = 2{,}97KW$

$N = 9{,}42KW$

4

GASES PERFECTOS

Ejercicio N° 1

Calcular la masa de aire contenida en un depósito de $0{,}500m^3$ en el cual existe una presión de $10Kg/cm^2$ y una temperatura de $80^\circ C$.

$M = 32Kg/Kmol - 21\%$ para el O_2.

$M = 28Kg/Kmol - 79\%$ para el N_2.

Peso molecular de la mezcla:

$M_m = X_1 M_1 + X_2 M_2 = 28{,}84$ Kg/Kmol.

$$R = \frac{R'}{M_m} = 29{,}4 \text{ Kgm/Kg °K}$$

$T = 353$ °K

$PV = mRT$

$$m = \frac{PV}{RT} = \frac{10^5 \times 0{,}500}{29{,}4 \times 353} = 4{,}81 \text{ Kg}$$

Ejercicio N° 2

En un recipiente con un émbolo superior, que ejerce una presión igual a $1atm$ tenemos aire a la temperatura de $20^\circ C$ y se lo calienta hasta los $150^\circ C$. El volumen inicial del gas es de $300lts$. Calcular el volumen final y la cantidad de calor entregada.

$$\frac{V_1}{T_1} = \frac{V_2}{T_2}$$

$$V_2 = V_1 \frac{T_2}{T_1} = 0{,}43m^3$$

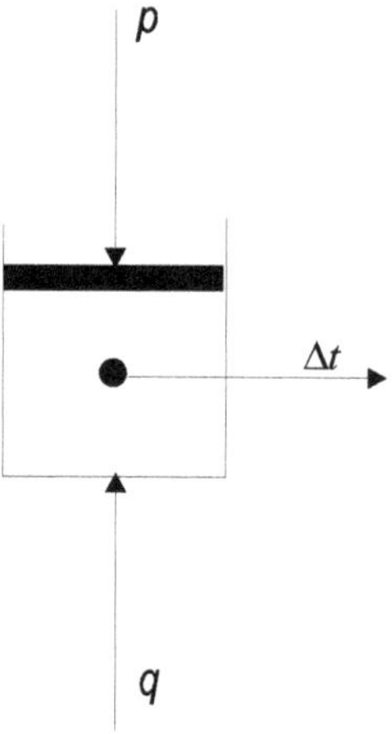

Figura 4.1

$$PV = mRT$$

$$m = \frac{PV}{RT} = 0{,}35Kg$$

$$q = mc\Delta t = 4{,}63KJ$$

Ejercicio N° 3

Un gas perfecto a volumen constante al duplicar la presión triplica su temperatura centígrada. Calcular la temperatura inicial y final tomando $T = t + 273$.

Respuesta:

$273^{\circ}C$

$t_f = 3t_i$

Ejercicio N° 4

Un cilindro cuya capacidad es de $0{,}056m^3$ contiene oxígeno en forma de gas inicialmente a $7{,}04atm$ y $70^{\circ}F$. Existe una fuga en el tanque y se descubre que la presión ha descendido a $5{,}28tm$ habiendo permanecido constante la temperatura. Suponiendo un comportamiento de gas ideal, calcular la masa de oxígeno que ha escapado.

Respuesta:

$0{,}120Kg$

Ejercicio N° 5

En una habitación de $35m^2$ de superficie y $3{,}1m$ de altura se halla el aire a $23^\circ C$ y a la presión barométrica de 730 mm de Hg.

¿Qué cantidad de aire penetrará de la calle a la habitación si la presión aumenta hasta 760 mm de Hg? La temperatura permanece constante.

Respuesta:

$5{,}1Kg$.

Ejercicio N° 6

Un compresor envía oxígeno a un depósito de $3m^3$ de capacidad la presión aumenta de $0{,}1bar$ a $6bar$, y la temperatura del gas, de $15^\circ C$ a $30^\circ C$. Si la presión barométrica es 745 mm de Hg, determinar la masa de O_2 suministrada.

Respuesta:

$22{,}2Kg$.

5

GASES REALES

Ejercicio N° 1

Calcular la presión existente sobre $1Kg$ de etano, si su temperatura es de $20^{o}C$ y ocupa un volumen de $0{,}03m^{3}$.

Emplear:

a) La ecuación de estado del gas perfecto. b) La ecuación de Van der Wals. c) Ecuación de Beattie-Bridgman. d) La ley de los estados correspondientes. e) Gráfico de compresibilidad.

a) $R = \frac{R'}{M} = \frac{848}{30} 27{,}8 \frac{Kgm}{Kg.°K}$, $\quad PV = RT$, $\quad P = \frac{RT}{V} = 27{,}2atm$

b) $(p + \frac{a}{v^2})(v-b) = RT$, $\quad p = \frac{RT}{v-b} - \frac{a}{v^2} = 25{,}07atm$

c) $p = RT\left(1 - \frac{c}{v - T^3}\right)\left[v + B_0\left(1 - \frac{b}{v}\right)\right] - \frac{A_0}{v^2}(1-a) \cong 23{,}2atm$

d) $\left(\pi + \frac{3}{\beta^2}\right)(3\beta - 1) = 8.0$, $\quad \beta = \frac{v}{v_c} = \frac{0{,}03}{0{,}0049} = 6{,}09$

$\pi = \frac{8\theta}{3\beta - 1} - \frac{3}{\beta^2} = 0{,}363$, $\quad \theta = \frac{T}{T_c} = \frac{293{,}16}{305{,}4} = 0{,}96$

$\frac{p}{p_c} = \pi$, $\quad p = \pi p_c$

e) $pv = \mu RT$, $\quad p_1 = \frac{RT}{v} = 27{,}2atm$

$\frac{p_1}{p_c}$ (Gráfico)

$p_2 = \ldots_1 \frac{RT}{v}$, $p_3 = \ldots_2 p_1 \cong 18{,}07tm$

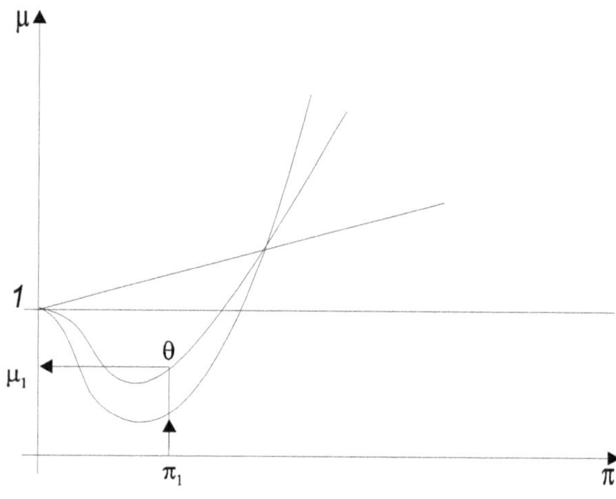

Figura 5.1.

Ejercicio N° 2

Calcular la masa de CO_2 que está contenida en un recipiente de $200dm^3$ de capacidad a la temperatura de $50°C$ y presión de $4900Kp$. Emplear: a) Ecuación de estado del gas ideal. b) Gráfico de compresibilidad.

Respuesta:

$m = 16{,}07Kg$

Ejercicio N° 3

Determinar las condiciones que deben cumplir el acetileno y el H_2 para encontrarse en estado correspondiente al vapor de H_2O cuando la presión es de $10atm$, la temperatura $230°C$ y volumen

$$0{,}22 \frac{m^3}{Kg}$$

Respuesta:

Los estados correspondientes serán:

Acetileno:

$$p = 2{,}85atm$$

$$v = 0{,}305\frac{m^3}{Kg}.$$

$$T = 241^{\circ}K$$

Hidrógeno:

$$p = 0{,}586atm$$

$$v = 2{,}29\frac{m^3}{Kg}$$

$$T = 25{,}7^{\circ}K$$

Ejercicio N° 4

Calcular la presión que soporta $1Kg$ de etano (CH_6) cuando su temperatura es de $10^{\circ}C$ y ocupa un volumen de $0{,}045m^3$. Emplear: Ecuación de los gases perfectos- Ecuación de Beattie-Bridgman-Van der Waals-Coeficiente de compresibilidad .

Respuesta:

- Ecuación de estado del gas ideal; $17{,}75atm$.
- Coeficiente de compresibilidad: $15{,}60atm$
- Van der Waals: 167,07 atm
- Beattie-Bridgman: 115,23 atm

Ejercicio N° 5

Utilizando el coeficiente de compresibilidad, calcular el valor del volumen específico del vapor de agua a la temperatura de $600^{\circ}C$ y presión de $295bar.$.

Respuesta:

$$0{,}01167\frac{m^3}{Kg}$$

6

MEZCLA DE GASES

Ejercicio N° 1

En un recipiente de $0{,}8 m^3$ de capacidad se encuentra una mezcla de los siguientes gases, en los pesos que figuran a continuación:

$$H_2, 0{,}3kg - CO, 0{,}2Kg - A, 0{,}2Kg - O_2\, 0{,}4Kg$$

Siendo la temperatura de $37^\circ C$. Calcular:

a) La composición en peso.
b) La composición en volumen.
c) Peso molecular aparente de la mezcla.
d) Constante R de la mezcla.
e) Presión total que soporta el recipiente
f) Presiones parciales.
g) Volúmenes parciales.
h) C_v, c_p y exponente adiabático.

Respuesta:

a)

$$g_i = \frac{m_i}{\sum m_i}, \qquad g_1 = 0{,}272, \qquad g_2 = 0{,}182 = g_3, \qquad g_4 = 0{,}364, \qquad \sum g_i = 1$$

b)

$$x_i = \frac{\frac{g_i}{M_i}}{\sum \frac{g_i}{M_i}}, \quad x_1 = 0{,}860, \quad x_2 = 0{,}0412, \quad x_3 = 0{,}0288, \quad x_4 = 0{,}07, \quad \sum x_i = 1$$

c)

$$M_m = \sum x_i M_i = 6{,}262 \frac{Kg}{Mol}$$

d)

$$R = \frac{R'}{M_m} = 135 \frac{Kgm}{Kg.°K}$$

e)

$$PV = mR_m T$$

$$P = \frac{mR_m T}{V} = 5{,}75 Kg/cm^2$$

f)

$P_i = x_i P$, $P_1 = 4{,}95 Kg/cm^2$, $P_2 = 2{,}37 Kg/cm^2$,

$P_3 = 1{,}61 Kg/cm^2$, $P_4 = 4{,}02 Kg/cm^2$

g)

$V_i = x_i V$, $V_1 = 0{,}688 m^3$, $V_2 = 0{,}03296 m^3$, $V_3 = 0{,}0224 m^3$, $V_4 = 0{,}056 m^3$

h)

$$C_{vm} = \sum g_i C_{vi}$$

$C_{vi} = \frac{N}{2} R_i$ (N: número de grados de libertad)

$C_{v1} = 2{,}4 \frac{Kcal}{Kg°K}$, $C_{v2} = 0{,}17 \frac{Kcal}{Kg°K}$, $C_{v3} = 0{,}15 \frac{Kcal}{Kg°K}$,

$C_{v4} = 0{,}05 \frac{Kcal}{Kg°K}$, $C_{vm} = 0{,}752 \frac{Kcal}{Kg°K}$,

Por Meyer

$$C_{pm} = C_{vm} + R_m = 1{,}06 \frac{Kcal}{Kg°K}$$

$$\gamma = \frac{C_{pm}}{C_{vm}} = 1{,}42.$$

Ejercicio N° 2

Se dispone de una mezcla de gases cuyos porcentajes en volumen son los que se mencionan a continuación:

Gas	% en V	M $\frac{Kg}{Mol}$
O_2	20	32
N_2	30	28
H_2	20	2
A	30	40

Determinar el exponente adiabático de la mezcla.

Respuesta:

$$\gamma = 1{,}60$$

Ejercicio N° 3

$5Kg$ de metano se mezclan con $6Kg$ de otro gas. El conjunto ocupa un volumen de $2m^3$ a la presión de $5Kg/cm^2$ y temperatura de $40°C$. ***Determinar*** R_m, M_m y el valor de la constante R del componente desconocido.

Respuesta:

$$R_m = 284{,}49 J/Kg°K$$

$$M_m = 29{,}21 Kg/Kmol$$

$$R_i = 90{,}55 J/Kg°K$$

Ejercicio N° 4

En un recipiente inicialmente vacío de $6lts$ de capacidad se introducen $10gr$ de CO, $1gr$ de N_2 y una cierta cantidad de H_2. ***Determinar*** la cantidad de H_2 introducida, los calores molares de la mezcla, si la presión final de la misma es de $40atm$ a $30°C$

Respuesta:

$$m_{H_2} = 0{,}017 Kg$$

$$C_{vm} = 35{,}73 KJ/Kmol°K$$

$$C_{pm} = 44{,}04 KJ/Kmol°K$$

Ejercicio N° 5

En un recipiente de $0{,}80m^3$ de capacidad existen $0{,}5Kg$ de O_2 $0{,}1Kg$ de H_2 y $0{,}3Kg$ de N_2 a una temperatura de 50^oC.

Determinar:

a) Proporción en peso y en volumen. b) Masa molar. c) Constante de la mezcla. e) Presión parcial de cada componente.

Ejercicio N° 6

Aplicando el método de Kay para gases reales, calcular el volumen ocupado por una mezcla constituida por 2 moles de O_2, 3 moles de CO y 5 moles de H_2. La temperatura es de 200^oC y la presión total de $60atm$.

Respuesta:

$V = 6{,}8m^3$

Ejercicio N° 7

Calcular la velocidad del sonido a 49^oC, en una mezcla de gases cuya composición volumétrica es: 30°% de N_2 y 40% de A. $V_s = \sqrt{2\gamma RT}$

Respuesta:

$V_s = 340m/s$

Ejercicio N° 8

En un recipiente de $1{,}5m^3$ de capacidad se encuentran almacenados $4Kg$ de CO_2 y $2Kg$ de N_2 constituyendo una mezcla a la temperatura de 32^oC. Al cabo de cierto tiempo la temperatura alcanza un valor de $55{,}5^oC$. Determinar: a) Presión máxima, b)Cantidad de calor recibida, c) Exponente adiabático.

Respuesta:

a) $271HP$

b) $86KJ$

c) 1,36

Ejercicio N° 9

Un tanque que contiene $3Kg$ de una mezcla gaseosa de N_2 y CO_2 (50% y 50%) en volumen cada una, a $3atm$ de presión y $70°C$ recibe $1Kg$ de N_2 isotérmicamente. Calcular para los $4Kg$ restantes. a) Porcentaje en peso y volumen. b) Presión y peso molecular de la mezcla. c) Exponente isotrópico.

Respuesta:

$$P = 4{,}67\,Atm$$

$$x_{N_2} = 0{,}56$$

$$g_{N_2} = 0{,}67$$

$$M_m = 31{,}89\frac{Kg}{Kmol}$$

$$x_{CO_2} = 0{,}43$$

$$g_{CO_2} = 0{,}33$$

$$\gamma = 1{,}38$$

7

ENTROPÍA

Ejercicio N° 1

Dentro de un recipiente adiabático se encuentran separados $10lts$ de N_2 y $20lts$ de H_2, ambos a la presión de $0,4Kg/cm^2$ y temperatura de $15°C$. Al retirar la pared de separación se difunden ambos gases. Calcular la variación de entropía dentro del recipiente.

$$R' = 848Kgm/Mol°K, \quad M_{N_2} - 28Kg/Mol, \quad M_{H_2} = 2Kg/Mol$$

$$\Delta S = c_v Ln\frac{T_2}{T_1} + RLn\frac{V_2}{V_1}$$

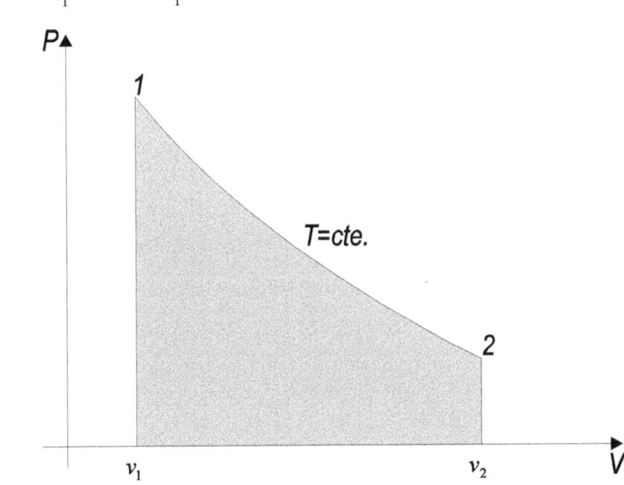

Figura 7.1.

Por ser el recipiente adiabático la temperatura permanece constante.

$$\Delta S_{N_2} = R_{N_2} Ln\frac{V_2}{V_1} = 0,322KJ/Kg°K$$

$$\Delta S_{H_2} = R_{H_2} Ln \frac{V_2}{V_1} = 1{,}65 KJ / kg°K$$

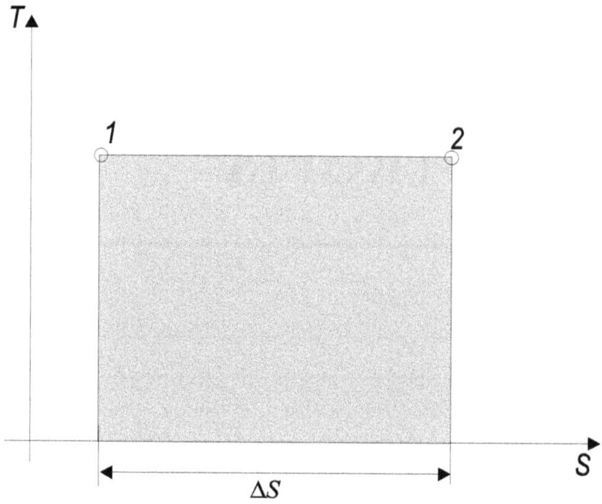

Figura 7.2.

Cálculo del peso del gas:

$$PV = mRT$$

$$m_{N_2} = \frac{PV}{R_{N_2} T} = 0.0046 Kg$$

$$m_{H_2} = \frac{PV}{R_{H_2} T} = 0{,}00065 Kg$$

Luego la variación de la entropía:

$$\Delta S_T = \Delta S_{N_2} + \Delta S_{H_2} = 0{,}0025 KJ / °K$$

Ejercicio N° 2

Calcular el aumento de entropía que se produce al mezclar $50Kg$ de H_2O a $80°C$ con $120Kg$ del mismo líquido a $20°C$.

$$50(80 - t) = 120(t - 20)$$

$$t = 37{,}6°C$$

$$\Delta S_1 = m_1 \int_{T_1}^{T_2} \frac{dT}{T} = 50 Ln \frac{310{,}6}{353} = -26{,}73 KJ / °K$$

$$\Delta S_2 = m_2 \int_{T_1}^{T_2} \frac{dT}{T} = 120 Ln \frac{310,6}{293} = 29,2 KJ / °K$$

$$\Delta S_T = \Delta S_1 + \Delta S_2 = 2,47 KJ / °K$$

Ejercicio N° 3

La entropía de $4,5Kg$ de aire ha aumentado en 0,3 Clausius, mientras que la temperatura se mantiene constante e igual a $130°C$. Si la presión inicial es $P_1 = 4Kg/cm^2$. ***Calcular*** la presión y el volumen final, calor intercambiado y trabajo realizado.

Respuesta:

$$P_2 = 1,52Kg/cm^2$$

$$V_2 = 3,49m$$

$$Q = 121Kcal$$

$$L = 506,66KJ$$

Ejercicio N° 4

Calcular el cambio de entropía cuando $1Kg$ de aire se transforma desde $555°K$ y $5lts$, hasta $325°K$ y $20lts$. El gas se expande siguiendo la ley $PV^n =$ constante.

Calcular el calor entregado o extraído durante la expansión. Comprobar que es aproximadamente igual al cambio de entropía por la temperatura promedio.

Respuesta:

$$\Delta S = 0,0396 Kcal / Kg°K$$

$$Q = 1,95 Kcal / Kg$$

Ejercicio N° 5

Suponiendo que $1Kg$ de vapor saturado a $100°C$ se condensa a líquido saturado a $100°C$, bajo un proceso a P= constante donde el calor se transmite al aire circundante que está a $27°C$. ***Determinar*** el incremento de entropía del sistema y el medio exterior.

Respuesta:

$$\Delta S = 1,48KJ / Kg°K$$

Ejercicio N° 6

Con los datos siguientes trazar el ciclo OTTO en coordenadas T-S y ***calcular***: a) Rendimiento térmico teórico tomando para el calor perdido y suministrando la variación de entropía por las temperaturas promedios. b) Determinar los volúmenes específicos.

$$T_1 = 288°K$$

$$T_2 = 645°K$$

$$T_3 = 2070°K$$

$$T_4 = 925°K$$

El aire es aspirado a $p_1 = 10\ atm$; $t_1 = 15°\ C$; $\Delta = \frac{7,5}{1}$

El calor suminisrtrado lleva p_1 a $p_3 = 54\ atm$

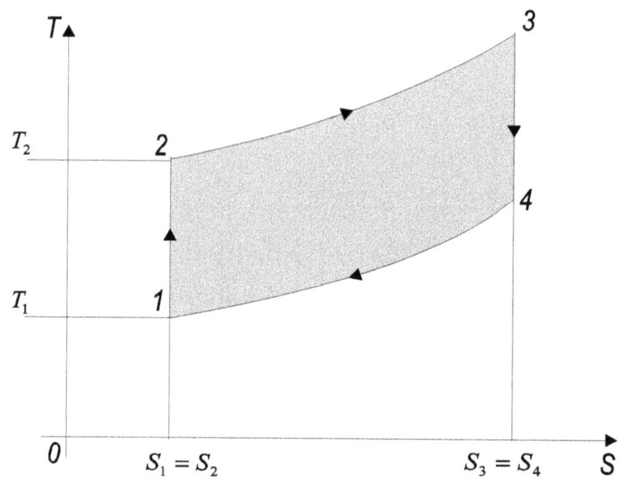

Figura 7.3.

Respuesta:

$$\eta_t = 0,55$$

$$S_3 = 0,009 Kcal / Kg°K$$

$$S_1 = 0,207 Kcal / Kg°K$$

$$v_1 = v_4 = 0,844\ \frac{m^3}{Kg}$$

$$v_2 = v_3 = 0,1125\ \frac{m^3}{Kg}$$

8

Ciclos de Máquinas con Sistemas Gaseosos

Ejercicio N° 1

Hallar el rendimiento de un motor que trabaja con un ciclo OTTO y que tiene un pistón de $7cm$ de diámetro e igual carrera y una cámara de combustión de $52cm^3$ (volumen entre P.M.S y tapa de cilindro)

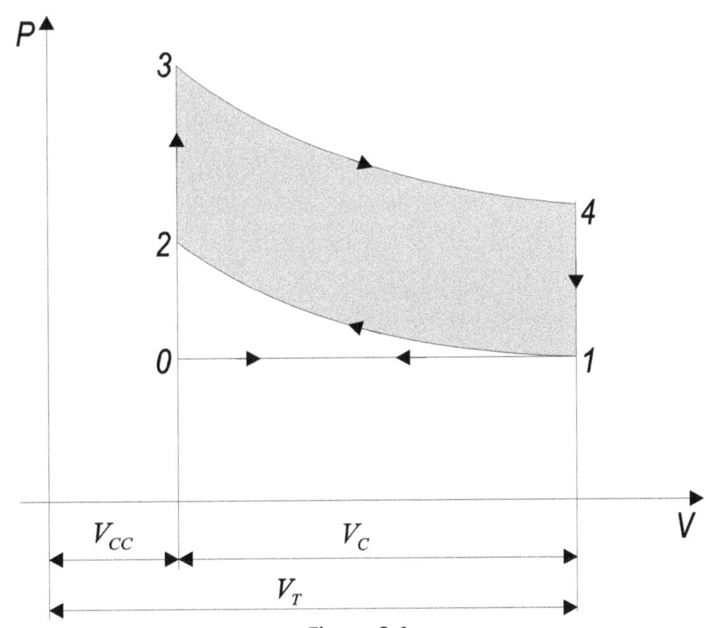

Figura 8.1.

$$S_c = \frac{\pi d^2}{4} = \frac{3{,}14.7^2}{4} 38{,}5cm^2$$

$$V_c = S_c.C = 38{,}5cm^2\,7cm = 269{,}5cm^3$$

$$V_t = V_c + V_{cc} = 269{,}5 + 52 = 321{,}5cm^3$$

$$\Delta = \frac{V_c}{V_{cc}} = \frac{321,5}{52} = 6,18$$

$$\eta_t = 1 - \frac{1}{\Delta^{\gamma-1}} = 1 - \frac{1}{6,18^{0,4}} = 1 - \frac{1}{2,07} = 0,516 = 51,6\%$$

Ejercicio N° 2

Hallar la pérdida de eficiencia de un ciclo Diesel en el que la relación volumétrica de compresión es $17,5:1$, mientras que el corte de inyección del combustible varía de 5 a 10% del recorrido del pistón.

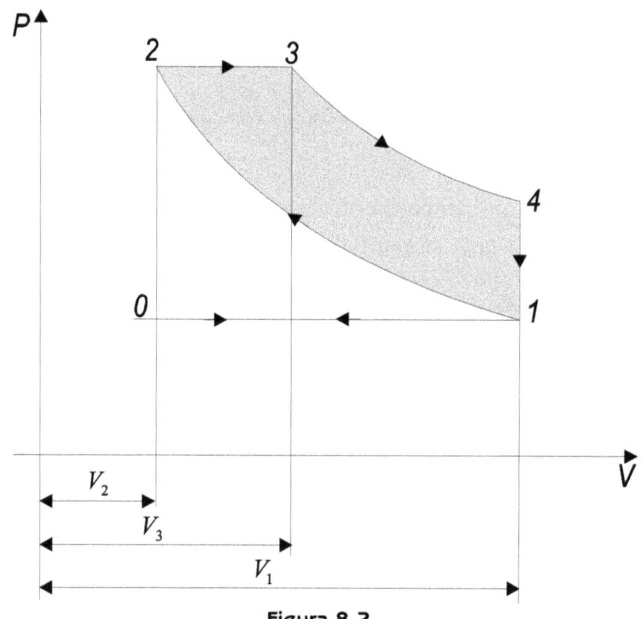

Figura 8.2.

Figuras 8.3.

$$\Delta = \frac{17,5}{1} = \frac{V_1}{V_2} = 17,5$$

$$\rho = \frac{V_3}{V_2}$$

$$V_c = V_1 - V_2 = 17,5 - 1 = 16,5cm^3$$

$$V_3 = V_2 + V_c.0,10 = 1 + 1,65 = 2,65cm^3$$

$$\rho = \frac{2,65}{1} = 2,65$$

$$\eta_t = 1 - \frac{2,91}{7,25} = 1 - 0,40 = 0,60 = 60\%$$

$$V_3 = V_2 + V_c 0,05 = 1 + 0,825 = 1,825$$

$$\rho = \frac{1,825}{1} = 1,825$$

$$\eta_t = 1 - \frac{1}{3,14} = \frac{1,82^{1,4} - 1}{1,4.0,82} = 1 - \frac{1,31}{3,60} = 0,64 = 64\%$$

Ejercicio N° 3

En un ciclo Semi-Diesel $P_1 = 1am$ y $tt_1 = 27°C$, siendo $= 16:1$ y $= 6$, la presión máxima es de $80atm$. ***Determinar*** el rendimiento térmico y trazar el ciclo según los vértices del diagrama.

P-V y *T-S.*

Respuesta:

$$\eta_t = 47,7\%$$

Ejercicio N° 4

Calcular el incremento de rendimiento térmico, para un ciclo OTTO donde llevamos la relación de compresión de $6:1$ a $9:1$ siendo $= 1,4$

Respuesta:

$$\Delta\eta_t = 7\%$$

Ejercicio Nº 5

Determinar los vértices y el η_t de un ciclo Brayton con $P_1 = 1atm$, $t_1 = 20°C$, $\Delta = 5:1$, $t_3 = 893°C$. Realizar el trazado gráfico a escala en T-S.

Ejercicio Nº 6

Un ciclo Joule se realiza entrando aire al compresor con una presión de $1atm$ y una temperatura de $17°C$, a la turbina con $800°C$. ***Calcular***: a) La temperatura intermedia del ciclo para lograr un trabajo máximo en el mismo. b) Rendimiento térmico. c) Presión final del compresor. d) Si la potencia es de $1800HP$, determinar el consumo teórico de combustible, sabiendo que el poder calorífico del mismo es de $10000Kcal/h(48846J/Kg)$

Respuesta:

$557°K$

49%

$10{,}5atm$

$232Kg/h$

Ejercicio Nº 7

Una caldera suministra $232KW$ a la temperatura de $170°C$ a una máquina perfecta de Carnot, donde la temperatura de la fuente fría es de $20°C$. ***Determinar***: a) Rendimiento térmico del ciclo. b) La potencia teórica en KW. c) Cantidad de calor que cede a la fuente fría. d) Variación de entropía.

Respuesta:

a) 34%

b) $79{,}48KW$

c) $153{,}43Kw$

d) $\Delta S = 0$

Ejercicio Nº 8

Un inventor anuncia que con un nuevo ciclo desarrolla $3{,}68KW$, mediante una entrega de calor de $5{,}23KW$. La más alta temperatura del ciclo es de $1400°C$, mientras que la más baja es de $300°C$. Decir si es posible.

Respuesta:

No es posible.

Ejercicio N° 9

El freno dinamométrico de la figura se halla en equilibrio respecto a la cuchilla (0). Se tensa la cinta del freno mientras el motor funciona, hasta que se equilibra el brazo con el peso de $25Kg$ en la posición indicada, correspondiente a una velocidad del motor que acciona el volante igual a $V_m = 1640 r.p.m.$

Determinar: La potencia útil del motor que gira a esa velocidad. (Quitando el peso de $25Kg$ y estando fija la cinta, el brazo se halla en equilibrio estático).

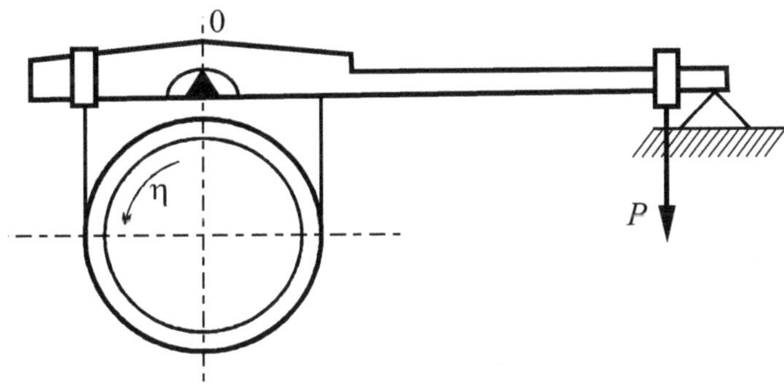

Figura 8.4.

Respuesta:

$N = 25{,}3 KW$

Ejercicio N° 10

En el diagrama indicado en la figura se tiene una escala de 45 P_2 $1cm$ y un centímetro del diagrama corresponde a $4cm$ de recorrido del émbolo. Se desea ***determinar*** la potencia suministrada a la máquina, si el émbolo tiene un diámetro de $15cm$ e igual carrera y gira a $1750 r.p.m.$ (Se trata de un motor de dos tiempos monocilíndrico).

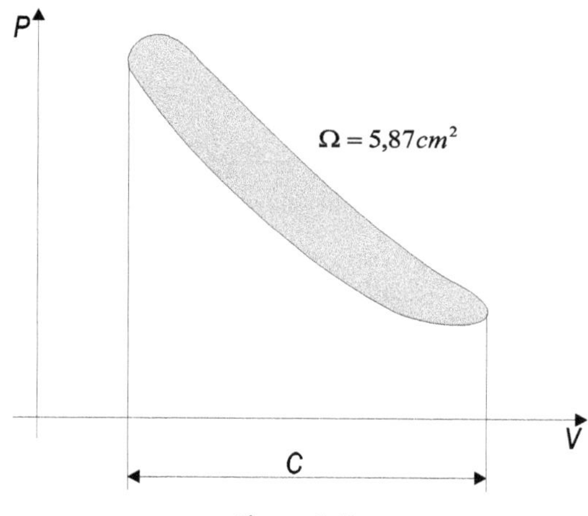

Figura 8.5.

Respuesta:

$72{,}5HP$

9

CICLOS DE COMPRESIÓN

Ejercicio Nº 1

Un compresor de dos etapas, comprime aire a razón de $100Kg/h$ desde la presión de un bar y la temperatura de $30°C$, hasta $12 bares$, según un politrópica con $n = 1,3$.

Calcular:

a) Presión intermedia para máxima eficacia.
b) Temperatura del aire al final de la primera y segunda compresión.
c) Temperatura que se lograría con una compresión monocilíndrica.
d) Cantidad de agua que debe circular por el enfriador suponiendo un $t = 8°C$.

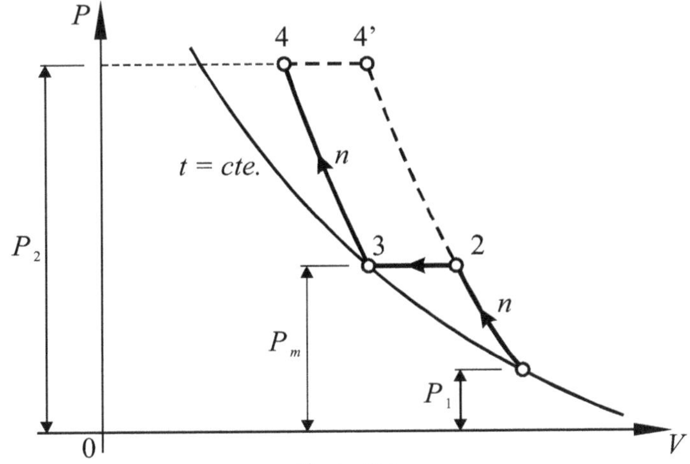

Figura 9.1.

a) $P_m = \sqrt{P_i.P_f} = \sqrt{1.12} = 3,46bar$

b) $T_2 = T_1(\frac{P_m}{P_1})^{\frac{n-1}{n}} = 43,8°K$.

c) $T'_4 = T_3(\frac{P_3}{P_1})^{\frac{n-1}{n}} = 537{,}8^{\circ} K.$

d) Haciendo un balance térmico entre 2 y 3 y el calentamiento del agua, suponiendo que no se producen pérdidas

$$100.1{,}003(130{,}6-30) = m4{,}18.8$$

$$m = 301{,}73 Kg/h$$

Ejercicio Nº 2

Calcular termodinámicamente y dimensionalmente un compresor de dos etapas con espacio nocivo con los siguientes datos. Caudal: $300K/h$, gas: aire, $P_i = 1atm$, $P_f = 1atm$, $t_i = 27^{\circ}C$.

Relación carrera diámetro: $1{,}3$.

Relación de espacio nocivo: 3%.

Número de vueltas: $300 r.p.m.$

Rendimiento mecánico: 85%

Ley de compresión: $n = 1{,}3$

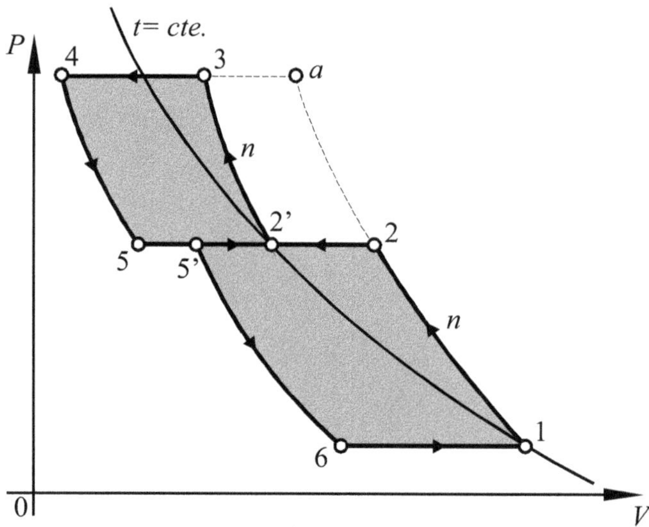

Figura 9.2.

Cálculo de la P_m:

$$P_2 = \sqrt{P_1 P_3} = 9 Kg/cm^2.$$

Rendimiento volumétrico:

$$\eta_v = 1 - \xi\left[(\frac{P_2}{P_1})^{\frac{1}{n}} - 1\right] = 0{,}87$$

Cálculo del diámetro:

$$d = \sqrt[3]{\frac{V_{ah}}{15\pi\beta\eta_v z}}$$

Para el cálculo utilizamos los volúmenes calculados por hora.

$$V_1 = \frac{RT_1}{P_1} 0{,}88 m^3 / Kg$$

$$V_b = \dot{m}.v_1 = 264 m^3 / h$$

como

$$P_1 v_1 = P_2 v'_2$$

$$v'_2 = \frac{P_1 v_1}{P_2} = 0{,}097 \frac{m^3}{Kg}$$

$$V_a = \dot{m} v'_2 = 29{,}3 m^3 / h$$

$$d_b = 25{,}4 cm$$

$$d_a = 12{,}6 cm$$

Cálculo de la carrera:

$$\beta = \frac{C}{d},$$

$$C = \beta d$$

$$C_b = 33{,}1 cm$$

$$C_a = 16{,}8 cm$$

Cálculo de las temperaturas:

$$T_2 = T_1 \frac{P_2}{P_1}^{\frac{n-1}{n}} = 497° K = T_3$$

Cálculo del trabajo de circulación:

$$L_c = \frac{2n}{n-1} P_1 V_a \left[N° - \left(\frac{P_f}{P_i}\right)^{\frac{n-1}{2n}} \right] = 40{,}48 KW$$

En realidad lo hallado anteriormente es la potencia indicada N_i.

La potencia en el eje:

$$N_e = \frac{N_i}{\eta_m} = 47{,}62 KW$$

Ejercicio Nº 3

Tenemos un compresor que aspira aire a presión de un bar y volumen v_1 =0,84 m^3/kg y lo expulsa con una presión de 9 bar y v_2 =0,14 m^3/kg. La energía interna varía desde 2,6 Kcal/kg hasta 27,5 Kcal/kg. A la refrigeración se transfieren 16 Kcal/kg.

Calcular: a) Trabajo suministrado al compresor considerando las variaciones de E_p y E_c despreciables. b) Cantidad de calor que absorbe la refrigeración si se comprimen 160 kg/h. c) Potencia teórica del compresor.

Respuesta:

a) $212{,}17 KJ/kg$

b) $2{,}97 KW$

c) $9{,}42 KW$

Ejercicio Nº 4

Un compresor comprime $380 Kg$ de NH_3 por hora en estado de vapor saturado seco, según una politrópica de exponente n=1,3 desde las presiones P1=1,94 Kg/cm2 hasta 4,85 kg/cm2 girando a $150 r.p.m.$. La relación de espacio nocivo del compresor es del 3% y la carrera 1,1 veces el diámetro. ***Determinar***: a) Volumen aspirado por hora. b) Dimensiones del compresor. c) Rendimiento volumétrico. d) La temperatura máxima si la inicial es de 30°C.

Respuesta:

a) $237 m^3/h$

b) $d = 0{,}316 m$

$C = 0{,}348 m$

c) $= 0{,}96$

d) $T = 372{,}6° K$

10

VAPORES

Ejercicio N° 1

Utilizando las tablas de vapor de agua. ***Calcular***: a) El calor total de vaporización a la presión de $5kg/cm^2$ y título $0{,}80$. b) Comprobar el resultado mediante la fórmula de Regnault. c) Cuantas $Kcal$ se necesitan para conseguir $5Kg$ de este vapor partiendo de agua a $60^{\circ}C$.

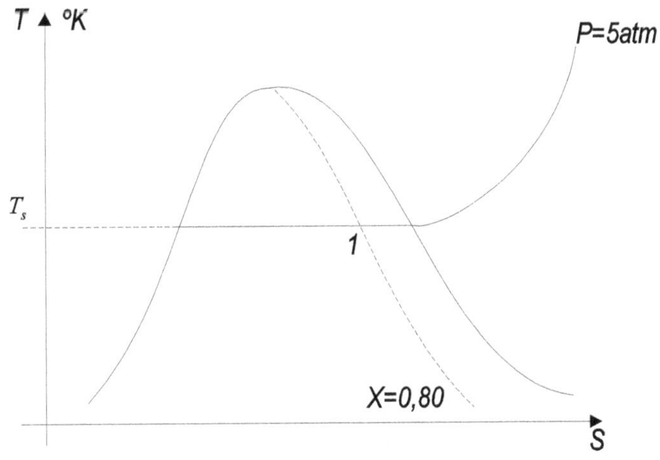

Figura 10.1.

Según tablas:

$$t_s = 151{,}1^{\circ}C$$

$$i' = q_L = t_s = 152{,}1 Kcal/Kg$$

$$\lambda_x = q_L + rx = 152{,}1 + 504{,}2.0{,}8 = 555{,}4 Kcal/kg$$

Comprobación:

$$\lambda_x = t_2 + (606{,}5 - 0{,}695 t_s)x = 151{,}1 + (606{,}5 - 0{,}695.151{,}1)0{,}8 = 552{,}2 Kcal/Kg$$

Partiendo de agua a $60°C$

$$q_{60°} = (151,1 - 60)1 = 91,1 Kcal / Kg$$

$$\lambda_{x'} = q_{60} + rx = 91,1 + 505,2.0,8 = 496,1 Kcal / kg$$

Para $m = 5Kg$

$$Q = m\lambda_{x'} = 5kg.496,1 Kcal / kg = 2480,5 Kcal = 10379,90 KJ$$

Ejercicio N° 2

Dentro de un recipiente hay vapor saturado seco a la presión de $9,5 Kg / cm^2$, después de un tiempo el vapor está a $1,4 Kg / cm^2$. ***Encontrar*** el estado final del vapor y la cantidad de calor intercambiada con el medio exterior.

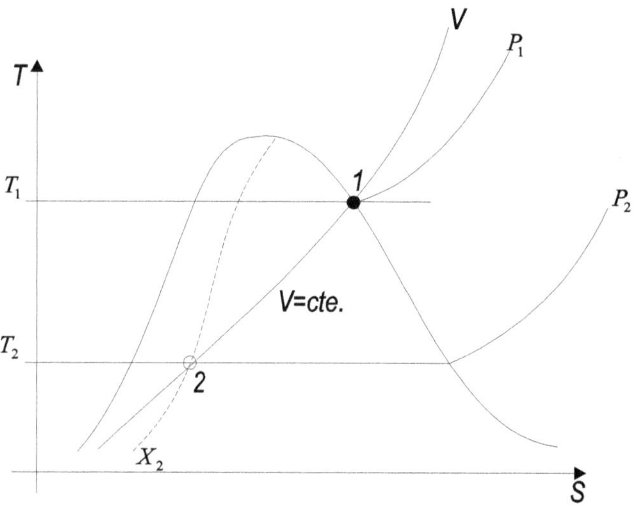

Figura 10.2.

De tablas de vapor saturado.

$$v_1'' = 0,208 m^3 / kg \text{ para } 9,5 atm$$

Luego:

$$v_{x2} = v_2' + v'' x_2 \cong 1,26 x_2 \text{ para } 1,4 atm.$$

Como

$$v_1'' = v_{x2}$$

hacemos

$$1,26 x_2 = 0,208$$

$$x_2 = \frac{0,208}{1,261} = 0,165$$

Como $v = cte$

$$q = \Delta u = u_2 - u_1$$

siendo:

$$u_1 = 617,6 Kcal / kg \text{ (tabla)}$$

$$u_2 = u' + \rho x_2 = 108,8 + 497,86.0,165 \cong 137,27 Kcal / kg$$

(Los valores de u' han sido sacados de tablas de vapor).

$$q = u_2 - u_1 = 187,27 - 617,5 = -430,23 Kcal / Kg.$$

Otro procedimiento:

$$\lambda_1 = q_1 + r_1 = 663,9 Kcal / Kg.$$

$$\lambda_{x2} = q_2 + r_2 x_2 = 108,9 + 533,9.165 = 196,9 Kcal / Kg.$$

$$q = \lambda_1 - \lambda_{x2} = 663,9 - 196,9 = 487 Kcal / Kg.$$

Ejercicio N° 3

Utilizando las tablas encontrar el calor total de un vapor sobrecalentado a la presión de $20 kg / cm^2$ y temperatura de sobrecalentamiento de $300° C$. Que calor será necesario para obtener $3Tn$ de este vapor, partiendo de otro a $2,4 Kg / cm^2$ y título 0,50.

Respuesta:

$$\lambda_s = 723,3 Kcal / Kg$$

$$(3026,7 KJ / Kg)$$

$$Q = 10,08.10^5 Kcal$$

Ejercicio N° 4

Encontrar el peso de vapor húmedo a presión de $10 Kg / cm^2$ y título $0,8$. Cual será el calor total que tiene este vapor por m^3.

Respuesta:

$$m_v = 6,16 Kg.$$

$$= 3570 Kcal / m^3$$

Ejercicio Nº 5

Una caldera de $5m^3$ de capacidad contiene $2500Kg$ de agua y vapor saturado a la presión de $4Kg/cm^2$. La presión se eleva hasta $10Kg/cm^2$. ***Calcular*** la cantidad de agua que se ha vaporizado y que cantidad de calor se ha suministrado.

Respuesta:

$$m_a = 6{,}2Kg.$$

$$Q = 9{,}6.10^4\,Kcal$$

Ejercicio Nº 6

$3{,}8Kg$ de vapor de agua a presión de $14Kg/cm^2$ ocupan un volumen de $0{,}27m^3$. ***Determinar***: a) Si el vapor es húmedo o sobrecalentado. b) Si es húmedo su título. c) Su temperatura. d) Su entalpía. (Verificar mediante diagramas).

Respuesta:

Húmedo

$$x = 0{,}49$$

$$t_s = 194{,}1°C$$

$$i_x = 424{,}25Kcal/Kg.$$

Ejercicio Nº 7

En un recalentador de superficie como se muestra en la figura se efectúa el calentamiento regenerativo del agua de alimentación con vapor de calefacción extraído de la turbina a $P_0 = 6{,}6bar$ y título $x_0 = 0{,}94$. El condensado sale con una temperatura menor en $t = 2°C$ que la temperatura de saturación a P_0. El agua de alimentación es suministrada por una bomba a $P = 100bar$, con una temperatura de entrada $t_1 = 110°C$ y de salida $t_2 = 155°C$. ***Determinar***:

a) Cantidad de vapor por Kg de agua necesaria.
b) Aumento de entropía del sistema debido a la irreversibilidad del proceso.

Respuesta:

$$C = 0{,}0975Kg/Kg$$

$$\Delta S = 0{,}031KJ/Kg°K$$

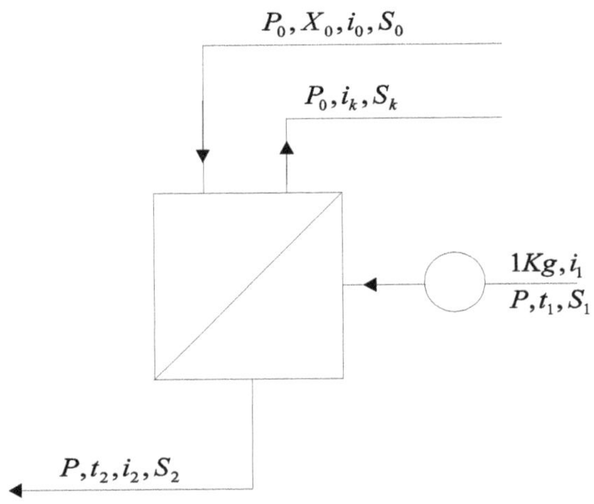

Figura 10.3.

Ejercicio Nº 8

Un vapor se expande adiabáticamente desde $10Kg/cm^2$ y título $0{,}8$, hasta una presión de $1Kg/cm^2$. ***Calcular*** analiticamente y verificar mediante el diagrama de Mollier las condiciones finales (x_2, i_2, t).

Respuesta:

0,87

$553Kcal/kg$

$100°C$

Ejercicio Nº 9

Un depósito recubierto de aislamiento térmico, cuya capacidad es $V = 10m^3$, está lleno hasta la mitad de agua a la temperatura de saturación y el resto de vapor seco saturado. La presión en el depósito es de $P_1 = 9{,}0MN/m^2$. Abriendo rápidamente la válvula de corredera (ver figura), se deja salir vapor a la atmósfera hasta que la presión en el depósito se hace igual a $P_2 = 6{,}0MN/m^2$, después de lo cual se cierra la válvula.

Determinar:

a) Cuantos Kg de vapor salen a la atmósfera.
b) Que volumen ocupará el vapor que queda dentro del depósito después de cerrar la válvula.

Considerar que el proceso de variación del estado del H_2O en el tambor es isoentrópico.

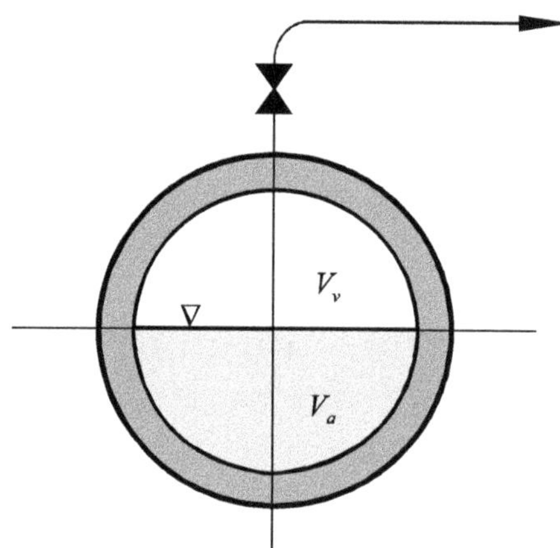

Figura 10.4.

Respuesta:

$m_s = 2055Kg$

$V_{v2} = 8{,}06m^3$

Ejercicio N°10

En un cilindro, bajo el émbolo, hay una mezcla de vapor y agua a la presión $P_1 = 9{,}0MN/m^2$ cuyo título es 0,125. El volumen inicial de la mezcla $V_1 = 10m^3$. Al contenido del cilindro se le suministran $Q = 6.10^3 MJ$ de calor.

Calcular:

a) Parámetros iniciales y finales (p, t, v, i, s).
b) Variación de energía interna y trabajo realizado. Representar el proceso en $i - s$.

Respuesta:

$p_1 = 9{,}0bar,\ t_1 = 303°C$	$p_2 = 4{,}3bar,\ t_2 = 304°C$
$v_1 = 0{,}0038m^3/Kg$	$i_2 = 3070KJ/Kg$
$i_1 = 1536{,}1KJ/Kg$	$v_2 = 0{,}61m^3/Kg$
$s_1 = 3{,}5KJ/Kg°K$	$s_2 = 7{,}53KJ/Kg°K$
$U = 3{,}44GJ$	$L = Q - U = 2{,}56GJ$

11

CICLOS DE VAPOR

Ejercicio Nº 1

En un ciclo regenerativo de vapor, sale el vapor de la caldera y entra a la turbina a $40{,}0Kg/cm^2$ $450°C$; luego se expande hasta $3{,}3Kg/cm^2$, durante este proceso se extrae vapor que se envía a un recalentador para aumentar la temperatura del agua de alimentación. El vapor no extraído se expande hasta la presión del condensador que trabaja a $0{,}070Kg/cm^2$.

Calcular:

a) Porcentaje de masa extraída.

b) Trabajo realizado por las bombas.

c) Rendimiento térmico.

Representar en T-S.

$i_1 = 38{,}7Kcal/Kg$ $\qquad v' = 0{,}00107m^3/Kg$

$i_3 = 135{,}6Kcal/Kg$ $\qquad i_5 = 795{,}4Kcal/Kg$

$i_6 = 650Kcal/Kg$ $\qquad i_7 = 507{,}5Kcal/Kg$

Cálculo de m_1:

$$i_6 m_1 + (1 - m_1)i_2 = i_3 \qquad m_1 = \frac{i_3 - i_2}{i_6 - i_2} = 0{,}15$$

Trabajo de la bomba 1:

$$L_{b1} = -(1 - m_1)v'(P_2 - P_1) = -(1 - 0{,}15).0{,}001(3{,}3 - 0{,}070)10.9{,}8$$

$$L_{b1} = -0{,}269KJ/Kg$$

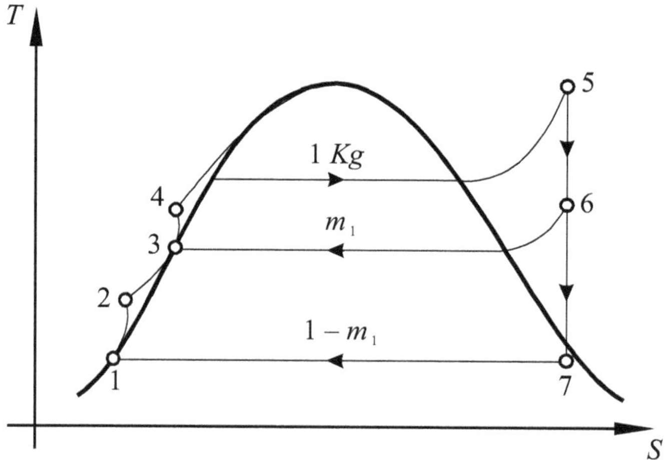

Figura 11.1.

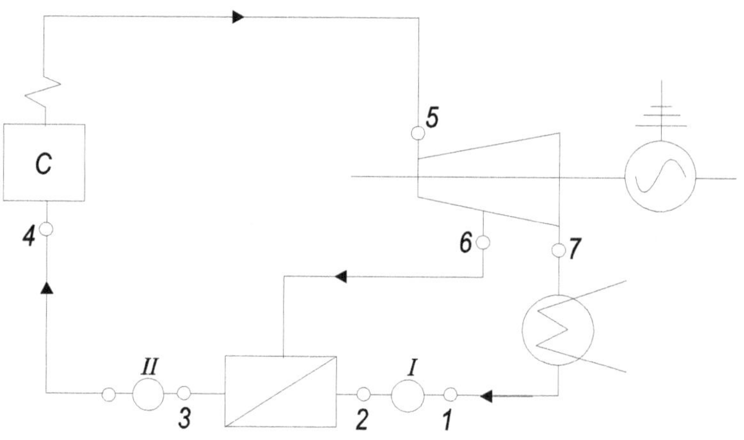

Figura 11.2.

$$L_{b2} = -v'(P_4 - P_3) = -0{,}001.1(4{,}0 - 3{,}30)10.9{,}8 = KJ/Kg$$

Trabajo en la turbina:

$$L_{turb} = (i_5 - i_6) + (1 - m_1)(i_6 - i_7) = 1110{,}50 KJ/Kg$$

El trabajo neto será:

$$L_n = L_{turb} - (L_{B1} + L_{B2}) = 1106{,}64 KJ/Kg$$

Calor suministrado:

$$Q_s = (i_5 - i_4) = 2722{,}50 KJ/Kg$$

Rendimiento térmico:

$$\eta_t = \frac{L_n}{Q_s} = 0{,}40$$

Ejercicio Nº 2

Estudiar el ciclo teórico de una instalación frigorífica que funciona a régimen seco entre $-10^{o}C$ y $30^{o}C$ para producir $10^{5}\,frig/h$.

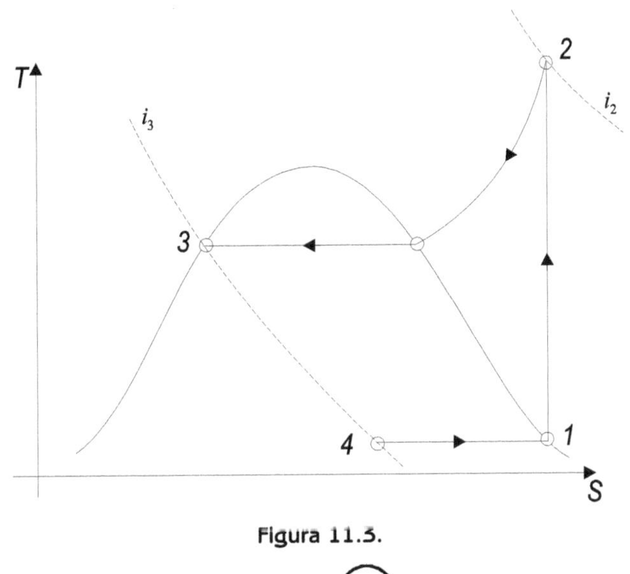

Figura 11.3.

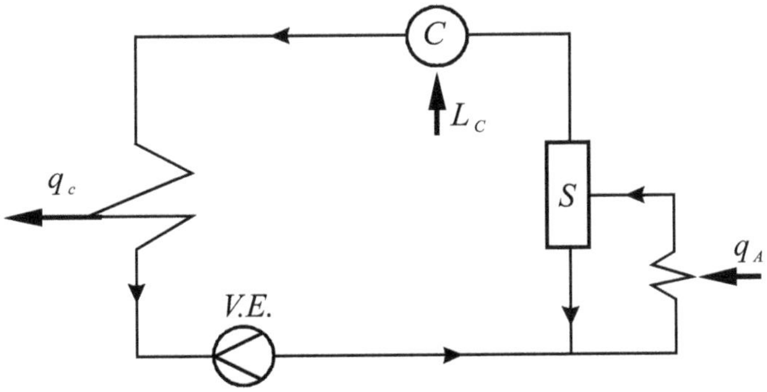

Figura 11.4.

Del diagrama:

$$i_1 = 298{,}7\,Kcal/Kg$$

$$v_1 = 0{,}418\,m^3/Kg$$

$$i_2 = 345{,}5\,Kcal/Kg$$

$$i_3 = i_4 = Kcal/Kg$$

Efecto frigorífico:

$$\xi = \frac{q_A}{|L|}$$

Eficiencia:

$$e = \frac{\xi}{\xi_c} = 0,87$$

Peso de NH_3 que debe circular por hora:

$$\dot{m} = \frac{Q_F}{Q_A} = 378Kg/h$$

Volumen de vapor de NH_3:

$$V = \dot{m}v_1 = 378Kg/h0,418m^3/Kg = 158m^3/h$$

Potencia en el compresor:

$$N = \dot{m}L_c = 20,56KW$$

Ejercicio N° 3

Una instalación de turbina de vapor funciona según el ciclo de Rankine con sobrecalentamiento, teniendo los siguientes parámetros del vapor: antes de la turbina $p_1 = 90bar$, $t_1 = 535°C$; la presión en el condensador es $p_2 = 0,04bar$. ***Determinar*** el trabajo exterior de la turbina y de la bomba de alimentación y el rendimiento térmico del ciclo.

Respuesta:

$$L_{turb} = 1435KJ/Kg$$

$$L_b = 9,2KJ/Kg$$

0,42

Ejercicio N° 4

En una turbina de vapor, entra el vapor con los parámetros $p_1 = 9,0MN/m^2$ y $t_1 = 540°C$. La turbina tiene dos extracciones de regeneración en recalentadores de tipo superficial con caída en cascada del condensado del vapor de calefacción. Las presiones de las extracciones son: $p_1' = 0,5MP$ y $p_2' = 0,12MP$. La presión en el condensador $p_2 = 4KP$.

Determinar el rendimiento térmico del ciclo y el gasto específico por MJ y por $KW.h$ de energía producida.

Respuesta:

$$\eta_t = 0,46$$

$$d = 0,69 Kg/MJ$$

$$d = 2,49 Kg/(KW.h)$$

Calor absorbido:

$$q_A = i_1 - i_3 = 264,9 Kcal/Kg$$

Trabajo de compresión:

$$L = i_2 - i_1 = -46,8 Kcal/Kg$$

Calor cedido en el condensador:

$$q_c = i_2 - i_3 = 311,7 Kcal/Kg$$

Efecto frigorífico para el ciclo de Carnot.

$$\xi_c = \frac{T_2}{T_1 - T_2} = \frac{263}{303 - 263} = 6,57$$

Ejercicio N°5

Se proyecta una instalación frigorífica que utiliza NH_3, para fabricar $15Tn$ de hielo en $7hs$ diarias. Suponiendo que el agua se ingresa a $20°C$ y el hielo sale a $-5°C$; siendo las pérdidas de la instalación del 25% (del total de frigorías necesarias) determinar:

a) Potencia frigorífica.
b) Calor del condensador.
c) Eficiencia.
d) Potencia máxima del compresor si el rendimiento mecánico es del 80%.
e) Peso del fluído que deberá circular por hora.

Respuesta:

a) $Q = 274,157 Frig/h$

b) $Q_C = 284 Frig/Kg$

c) $\xi = 9,9$

d) $N = 54,7 HP$

e) $C = 1062,6 Kg/h$

Ejercicio N°6

En una instalación frigorífica de NH_3, el vapor húmedo a $-5°C$ y $x_1 = 0,95$, se comprime isoentrópicamente hasta que se hace saturado seco. Después de esto entra en el condensador luego de lo cual se subenfría hasta $10°C$. Posteriormente a la extrangulación, el vapor se seca, extrayendo calor y finalmente vuelve al compresor. La potencia frigorífica de la instalación es $Q_F = 800000 KJ/h$.

Determinar el coeficiente de efecto frigorífico y compararlo con el ciclo de Carnot.

Respuesta:

$\xi = 13,6$

$\xi_c = 17,9$

12

TOBERAS

Ejercicio N° 1

Determinar las dimensiones de una tobera para turbina de vapor de $100HP$. Se emplea vapor sobrecalentado a la presión de $12Kg/cm^2$ y temperatura de $350°C$, realizándose una expansión hasta la presión de $1Kg/cm^2$. Se adopta como valor del coeficiente de gasto $0,94$ desde la entrada hasta la sección crítica y $0,94$ desde la misma hasta la salida.

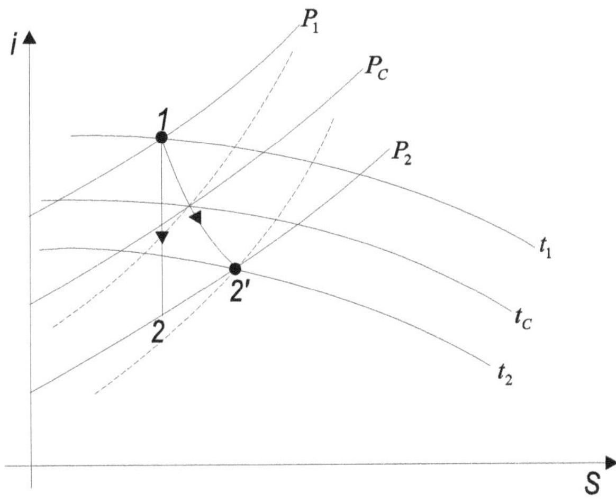

Figura 12.1.

$$p_c = 0,545 p_1 = 0,545.12 = 6,55 Kg/cm^2$$

Del diagrama $(i - s)$ obtenemos:

$$\Delta i = i_1 - i_2 = 753 - 626 = 127 Kcal/Kg$$

Cálculo de la velocidad teórica de salida:

$$V_2 = 91,5\sqrt{\Delta i} = 91,5\sqrt{127} = 1032 m/s$$

Cálculo de la velocidad crítica:

$$V_c = 91,5\sqrt{\Delta i}$$

Del diagrama $(i - s)$ obtenemos:

$$\Delta i = i_1 - i_c = 753 - 715 = 38 Kcal / Kg$$

$$V_c = 91,5\sqrt{38} = 564 m / s$$

Cálculo de las velocidades reales:

$$V'_c = \varphi V_c = 550 m / s$$

$$V'_2 = \varphi V_2 = 970 m / s$$

$$i_1 - i'_c = \frac{V'^2_c}{91,5^2}$$

$$i'_c = i_1 - \frac{V'^2_c}{91,5^2}$$

$$v'_c = 0,39 m^3 / Kg$$

$$i_1 - i'_2 = \frac{V'^2_2}{91,5}$$

$$i'_2 = i_1 - \frac{V'^2_2}{91,5}$$

$$v'_2 = 1,8 m^3 / Kg$$

Para obtener $100 HP$ se requieren:

$$\dot{m} = \frac{76N}{E_c}$$

la energía cinética de salida será:

$$E_c = \frac{V'^2}{2g} = 48013 Kgm / Kg$$

luego

$$\dot{m} = \frac{7600}{48013,02} = 0,158 Kg / s$$

Cálculo de las secciones críticas y de salida:

$$\dot{m} = \frac{V'_c \Omega_c}{v'_c}$$

$$\Omega_c = \frac{\dot{m}v_c^{'}}{V_c^{'}} = 1{,}12.10^{-4}m^2$$

$$d_c = \sqrt{\frac{4\Omega_c}{\pi}} = 1{,}19cm$$

$$d_2 = \sqrt{\frac{4\Omega_2}{\pi}} = 1{,}93cm$$

Cálculo de la longitud de salida:

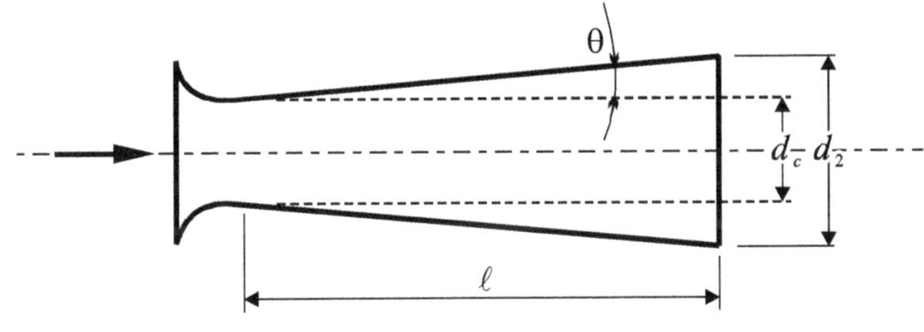

Figura 12.2.

$$\ell = \frac{d_2 - d_c}{2\,\mathrm{tg}\,5^{\circ}}$$

(adoptamos como ángulo de salida 5°)

$$\ell = 4{,}25cm$$

Ejercicio N°2

Calcular las dimensiones de una tobera sin frotamiento por la cual deben circular $2800Kg/h$ de vapor, siendo las condiciones del mismo $p_1 = 14Kg/cm^2$, $t_1 = 300^{\circ}C$. La presión de salida se fija en $1{,}2Kg/cm^2$.

Respuesta:

$$d_c = 2{,}34cm$$

$$d_2 = 3{,}62cm$$

$$\ell = 7{,}3cm$$

13

MEZCLA DE AIRE Y VAPOR DE AGUA

Ejercicio N° 1

Determinar analíticamente y verificar gráficamente la p_v, φ, t_r, y la entalpía del aire a la presión atmosférica, si se conoce que $tb_s = 30°C$ y $tb_h = 20°C$.

De tabla:

$p_s = 432{,}7 Kg/m^2$ $\varphi = 36\%$

Respuesta:

$p_v = 155{,}7 Kg/m^2$ $\varphi = 0{,}36\%$ $i = 13{,}3 Kcal/Kg$

Ejercicio N°2

Determinar gráficamente usando el diagrama psicrométrico y de Mollier, la temperatura de rocío de un aire con $tb_s = 20°C$, $\varphi = 30\%$ y presión de 760 mm de Hg. Encontrar además el estado de saturación adiabática.

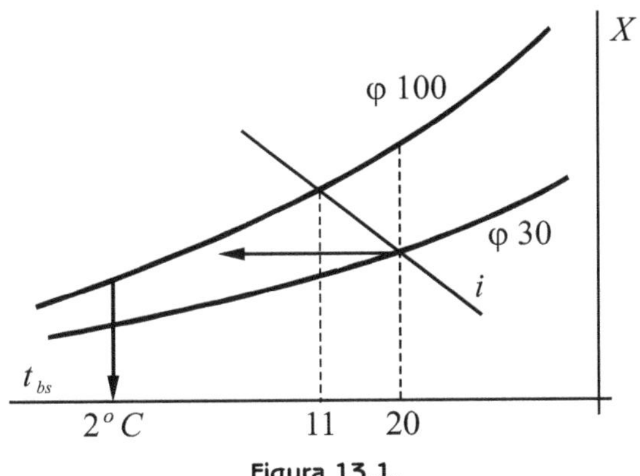

Figura 13.1.

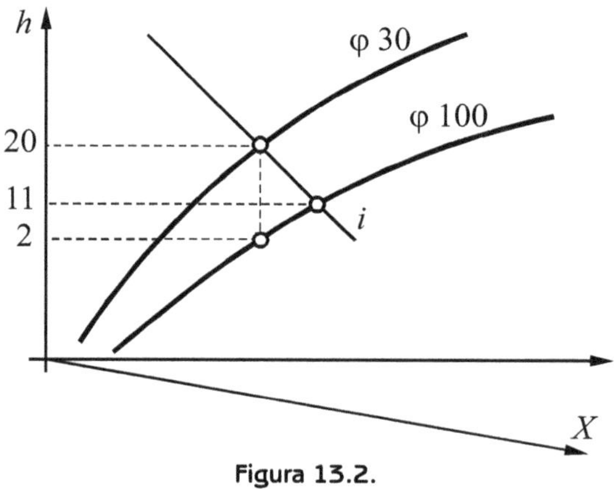

Figura 13.2.

Ejercicio N° 3

La temperatura de rocío correspondiente a un ambiente, en el cual existe una presión de 760 mm de Hg, es de $4°C$ y la $tb_h = 10°C$. ***Determinar***:

a) Temperatura ambiente.
b) Grado de saturación.

Respuesta:

$tb_s = 16°C$

$\varphi = 44\%$

Ejercicio N°4

Aire a $30°C$ y con 60% de grado de saturación sale de un conducto, con un caudal de $6Kg/s$. Por otro conducto sale aire a $6°C$ y con $\eta = 90\%$ a razón de $3Kg/s$. ***Determinar*** el estado final de la mezcla para 760 mm de Hg (temp. y φ). Resolver analíticamente y gráficamente.

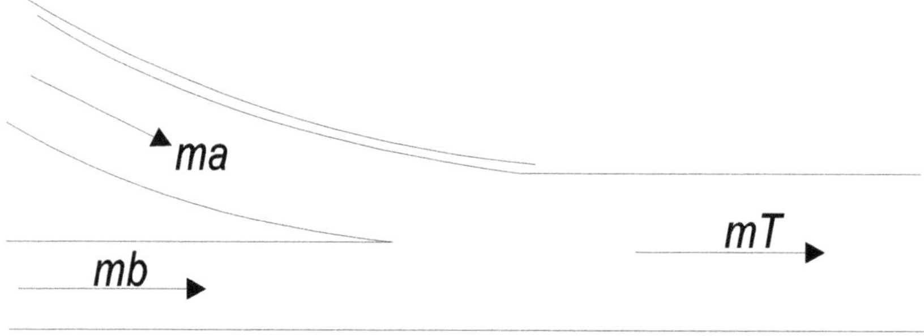

Figura 13.3.

$$m_a + m_b = m_t$$

$$m_t i_m = \sum i_i \ m_i$$

$$m_t x_m = m_a x_a + m_b x_b$$

$$x_a = \varphi x_s = 0{,}60.27{,}2 = 16{,}3 gr / Kg$$

$$i_a = i_s + (i_v - i_s) = 7{,}20 + (23{,}8 - 7{,}20)0{,}60 = 17{,}16 = Kcal / Kg$$

(Fórmula aproximada).

$$x_b = \varphi x_s = 0{,}90.5{,}79 = 5{,}21 gr / Kg$$

$$i_b = 1{,}44 + (4{,}90 - 1{,}44)0{,}90 = 4{,}55 Kcal / Kg$$

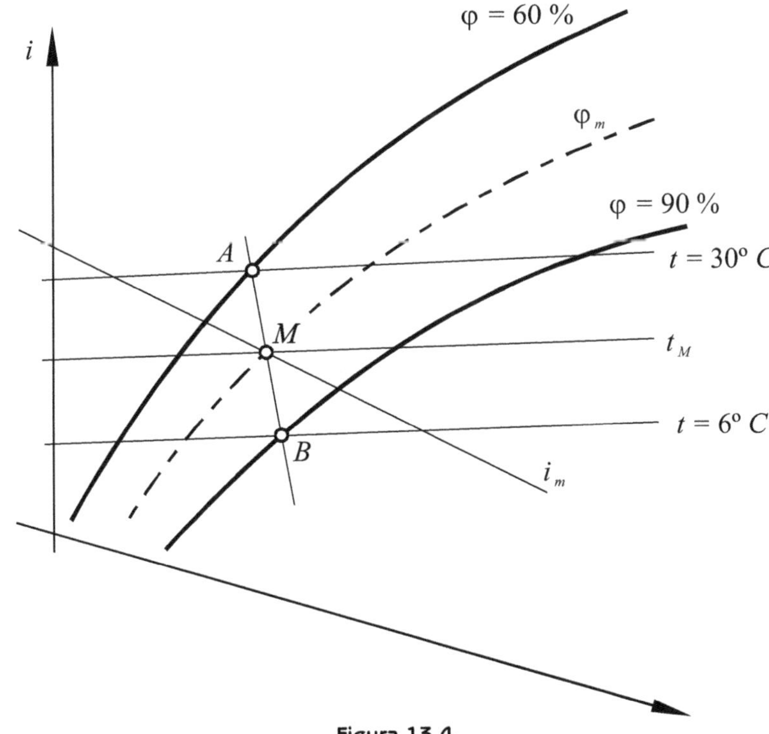

Figura 13.4.

Para un intervalo de 1 segundo.

$$x_m = \frac{m_a x_a + m_b x_b}{m_t} = 12{,}6 gr / Kg$$

$$i_m = \frac{m_a i_a + m_b i_b}{m_t} = 12{,}96 Kcal / Kg$$

Determinación de t_m.

$$i_m = c_p t_m + (c_{pv} t_m + r) x_m$$

reemplazando:

$$12{,}96 = 0{,}24t_m + (0{,}47t_m + 595)0{,}0126$$

$$t_m = 22{,}2°C$$

Interpolando en la tabla obtenemos:

$$x_s = 16{,}9gr/Kg$$

$$\varphi_m = \frac{x_m}{x_s} = 74{,}6\%$$

Determinación en el diagrama de Mollier:

$$\frac{AM}{BM} = \frac{m_b}{m_a} = \frac{3}{6} = \frac{1}{2}$$

Se obtiene:

$$i_m = 13Kcal/Kg$$

$$X_m = 12{,}6gr/Kg$$

$$t_m = 22°C$$

$$\varphi_m = 75\%$$

Ejercicio Nº 5

Se trata de desecar en un horno de secado con precalentador, $1000Kg/h$ de un producto de calor específico $c = 0{,}22Kcal/Kg°C$ que tiene una humedad del 35% la cual debe ser rebajada al 12%. Para ello se toma aire con temperatura de $20°C$ y humedad relativa $0{,}4$, que deberá evacuarse con temperatura de $40°C$ y humedad relativa 0,5. ***Calcular***:

1) Peso de agua a extraer por hora.
2) Peso de aire en Kg/h.
3) Temperatura a que debe precalentarse el aire.
4) Cantidad de calor a proveer si se supone una pérdida a través de las paredes del horno de $2{,}0.10^4 Kcal/h$

t	X_s	i_s
20	14,7	13,7
40	48,8	39,6

Tabla 13.1

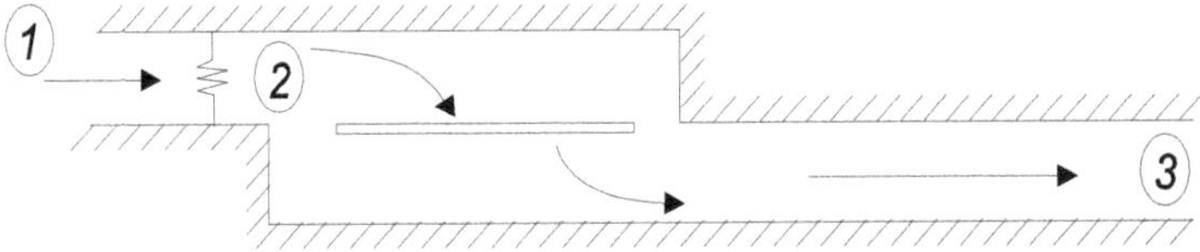

Figura 13.5.

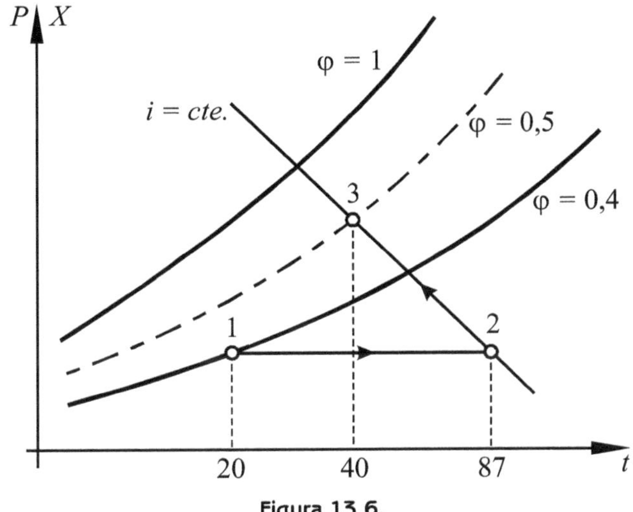

Figura 13.6.

1)

$$G_{pw} = G(w_1 - w_2) = 1000(0,35 - 0,12) = 230 Kg/h$$

2)

$$G_{pw} = G_{pa}(X_3 - X_1) \therefore G_{pa} = \frac{G_{pw}}{(X_3 - X_1)}$$

$$X_3 = \varphi_3 X_{s3} = 0,5.48,8 = 24,4 gr/Kg$$

$$X_1 = \varphi_1 X_{s1} = 0,4.14,7 = 5,9 gr/Kg$$

$$G_{pa} = \frac{230}{24,4 - 5,9} = 12,43 Kg/h$$

$$G_{va} = \rho G_{pa} = 9,61 m^3/h$$

3) Transformación $1 - 2$.

$$i_2 - i_1 = (0,24 + 0,48X)(t_2 - t_1)$$

$$t_2 = t_1 + \frac{h_2 - h_1}{0,24 + 0,48X}$$

$$i_1 = 0,24.20 + (0,48.20 + 595)0,0059 = 8,4 Kcal/Kg$$

$$i_2 = 0,24.40 + (0,48.40 + 595)0,0244 = 24,6 Kcal/Kg$$

$$\therefore t_2 = 87^\circ C$$

4) Calor evacuado por el aire

a) $Q_a = G_{pa}(h_2 - h_1) = 12{,}43(24{,}6 - 8{,}4) = 201{,}36 Kcal/h$

b) Calor que retiene el producto.

$$Q_{pr} = m_p c_p \Delta t = (1000 - 350)0{,}22(40 - 20) = 2860 Kcal/h$$

c) Calor que retiene el H_2O.

$$Q_w = m_{wr} c \Delta t = (350 - 230)1(40 - 20) = 2400 Kcal/h$$

d) Calor perdido.

$$Q_t = Q_a + Q_{pr} + Q_w + Q_p = 25461{,}36 Kcal/h - 106{,}545 MJ/h$$

Ejercicio N°6

Hay que enfriar $100 m^3$ de aire a 760 mm de Hg desde $30° C$ y 75% de humedad hasta $10° C$. Determinar la cantidad de calor que se debe sustraer.

$$\rho_{aire} = 1{,}29 Kg/m^3 \text{ (a } p_n \text{ y } 0° C\text{)}.$$

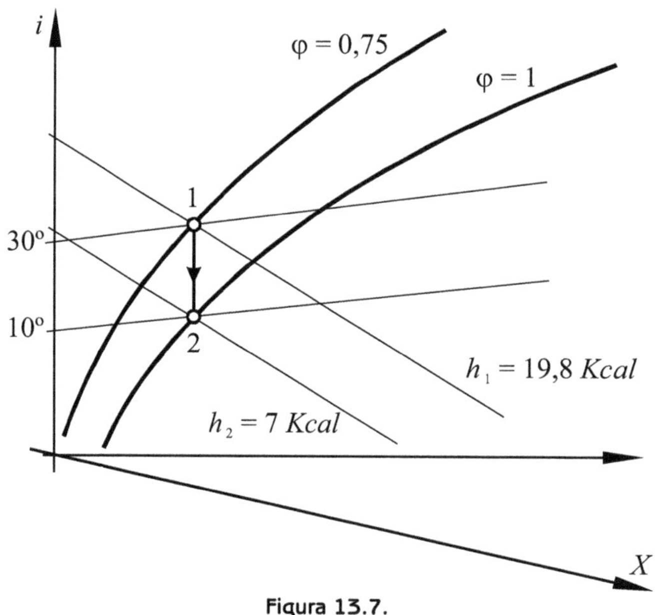

Figura 13.7.

$$q = m\,(i_1 - i_2)$$

Cálculo del v_1 :

$$v_1 = \frac{p_t - p_s}{p_t} = 1 - \frac{p_s}{p_t}$$

Según tablas:

$$p_s = 31{,}8 \text{ mm de Hg.}$$

$$v_1 = 96{,}8 m^3$$

Cálculo de m:

$$\frac{\delta}{\delta_0} = \frac{T_0}{T} \therefore \delta = \delta_0 \frac{T_0}{T}$$

como

$$\frac{m}{v_1} = \delta_L$$

$$\frac{m}{v_1} = \frac{T_0}{T} \qquad \therefore m = v_1 \delta_0 \frac{T_0}{T} = 96{,}8 \frac{1{,}29.273}{303}$$

$$m = 112{,}1 Kg$$

Ejercicio Nº 7

Se acondiciona un local en el cual se desea mantener la temperatura a $25°C$ y 60%. El balance térmico, indica que ese ambiente recibe por hora $20000 Kcal (83692 KJ)$ y la humedad emitida por las personas es de $9 Kg/h$ (a la temperatura de sus cuerpos, o sea $37°C$). Calcular la cantidad de aire que debe circular, sabiendo que el aire que suministra el equipo sale a $15°C$.

Respuesta:

$$m = 6000 Kg/h.$$

Ejercicio Nº 8

Para una eficiente ventilación, la mitad del aire del ambiente debe renovarse. La mezcla de aire es propulsada por ventiladores que realizan un trabajo equivalente a $2000 Kcal/h$. Si el aire exterior está a $25°C$ y 70% de humedad. Calcular la cantidad de calor que debe absorber la refrigeración.

Respuesta:

$$Q = 55980 Kcal/h$$

Ejercicio Nº 9

En un compresor entra aire húmedo a $20°C$ y presión de 760 mm de Hg con un grado de saturación del 60%. Se lo comprime isotérmicamente hasta la presión de $7bar$. Determinar:

a) Estado final y cantidad de vapor de agua condensada.

b) Para $\dot{m} = 100Kg/h$, cual será la masa de H_2O.

Respuesta:

$$m = 0{,}676 \frac{kg \text{ de } H_2O}{h}$$

Ejercicio Nº 10

Un caudal de $227000Kg/h$ de H_2O caliente a $37{,}7°C$ entran a una torre de enfriamiento. Se desea enfriar hasta $21{,}1°C$. El aire atmosférico entra a la torre a $21{,}1°C$ y 50% de humedad relativa y sale de la torre como aire saturado a $32{,}2°C$. ***Calcular***:

a) Caudal de aire atmosférico necesario para efectuar el enfriamiento.

b) Cantidad de H_2O de reposición.

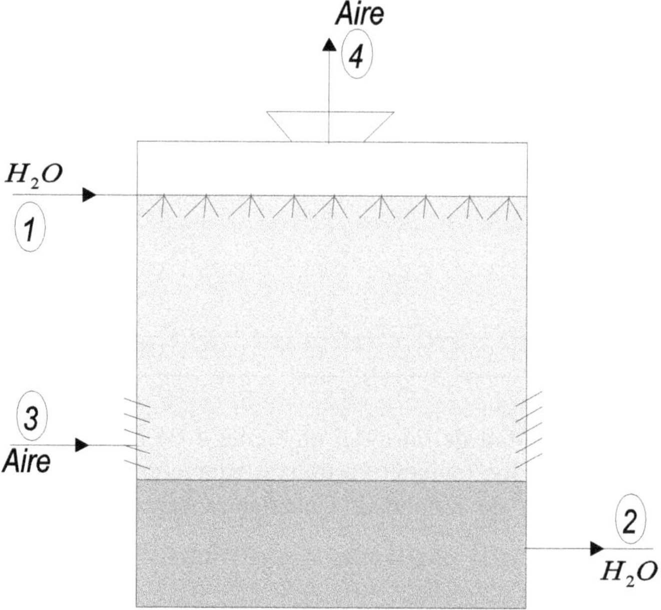

Figura 13.8.

De tablas de vapor:

$$i'_1 = 37,4 Kcal/Kg$$

para $37,7°C$

$$p_{s1} = 0,024 \text{ atm. a } 21,1°C$$

$$i'_2 = 20,9 Kcal/Kg$$

para $21,1°C$

$$p_s = 0,047 \text{ atm. a } 32,2°C$$

$$t_1 = 37,7°C$$

$$t_2 = 21,1°C$$

$$t_3 = 21,1°C \text{ y } \varphi_3 = 50\%$$

$$t_4 = 32,2°C$$

$$p_{v3} - \varphi_3 p_{s3}$$

$$x_3 = 0,622 \frac{p_{v3}}{p_t - p_{v3}}$$

$$p_{v4} = \varphi_4 p_{s4}$$

$$x_4 = 0,622 \frac{p_{v4}}{p_t - p_{v4}}$$

$$i_{a3} = 0,24 t_3 + (0,48 t_3 + 595)\ x_3$$

$$i_{a4} = 0,24 t_4 + (0,48 t_4 + 595)\ x_4$$

$$m_a = \frac{m_{w1}\ (i'_1 - i'_2)}{i_{a4} - i_{a3} - (x_4 - x_3)\ i'_2}$$

Ejercicio N°11

El aire que entra a un compresor se encuentra a $24°C$, $1bar$ y 75% de humedad relativa; a la salida del mismo compresor, la presión y la temperatura son, respectivamente, $8bar$ y $138°C$.

Determinar la humedad relativa del aire a la salida del compresor.

Ejercicio N°12

En un sendero se deseca combustible por medio de aire a la presión atmosférica. El aire, que en su estado inicial tiene la temperatura de $20°C$ y la humedad relativa del 40%, se calienta previamente a la temperatura de $80°C$ y después se envía a la cámara de secado, donde en el proceso de desecado se enfría el aire hasta $35°C$. ***Determinar***:

- Cantidad de calor necesaria para calentar $1Kg$ de aire.
- Cantidad de H_2O por Kg de aire seco.

Respuesta:

$q = 61KJ / Kg$ a.s. $m = 18{,}0g$

14

PODER CALÓRICO Y COMBUSTIÓN

Cantidad de aire necesario para la combustión

Conociendo el análisis elemental de un combustible sólido o líquido se pueden hallar: cantidad de oxígeno y de aire necesarios, cantidad de gases de combustión y su composición en base a las fórmulas siguientes.

$$C + O_2 = CO_2$$
$$1Kmol + 1Kmol = 1Kmol \qquad [1]$$
$$12Kg + 22{,}4m_n^3 = 22{,}26m_n^3$$

$$2H_2 + O_2 = 2H_2O$$
$$2Kmol + 1Kmol = 2Kmol \qquad [2]$$
$$4Kg + 22{,}4m_n^3 = 44{,}80m_n^3$$

$$S + O_2 = SO_2$$
$$1Kmol + 1Kmol = 1Kmol \qquad [3]$$
$$32Kg + 22{,}4m_n^3 = 21{,}90m_n^3$$

Debemos tener en cuenta que:

$O_2 = O_2$	$N_2 = N_2$	$H_2O_{liq} = H_2O_{vap}$
$32Kg = 22{,}4m_n^3$	$28Kg = 22{,}4m_n^3$	$18Kg = 22{,}4m_n^3$

De estas fórmulas deducimos la cantidad mínima de oxígeno para $1Kg$ de combustible en m_n^3 / Kg.

$$O_{min} = \frac{22,4}{12,0}C + \frac{22,4}{4,0}H_2 + \frac{22,4}{32,0}(S - O_2)$$

$$O_{min} = 1,86C + 5,55H_2 + 0,69(S - O_2)$$

Teniendo en cuenta que el oxígeno se obtiene del aire, al que si lo suponemos completamente seco estará compuesto por:

Componentes del aire.

O_2...............25% A_r...............0,92	N_2................78,05% CO_2..............0,03

Como el aire contiene siempre cierta cantidad de vapor de agua debemos afectar el cálculo de un factor que tenga en cuenta la humedad relativa φ.

$$f = 1 + \frac{P_v}{P_A}\varphi$$

Los valores de P_v (tensión de vapor) y P_a (tensión del aire) se pueden obtener de una tabla psicrométrica en función de la temperatura.

Luego la cantidad de aire teórico será:

$$A_t = f\ A_{min}$$

Siendo en consecuencia el aire mínimo:

$$A_{min} = \frac{O_{min}}{0,21}100m^3 / Kg$$

Reemplazando:

$$A_t = f[8,85.C + 26,42H_2 - 3,28(O_2 - S)]$$

Coeficiente de exceso de aire

En los hogares la combustión generalmente se realiza con exceso de aire, cuidando que no sea insuficiente y se obtenga CO y H_2 libre al final de la combustión, o que por ser excesivo se obtenga O_2 con las consiguientes pérdidas de calor por los conductos de humo bajando el rendimiento de la instalación.

En general el aire real se obtiene afectando de un coeficiente n el aire teórico.

$$A_r = nA_t$$

Coeficiente de exceso de aire

Tipo de hogar	n
Carga a mano	1,6 a 2,0
Parrilla mecánica	1,3 a 1,6
Aceite pesado o polvo de carbón	1,2 a 1,4
Gas natural	1,05 a 1,2

Temperatura de combustión

Podemos definir la temperatura teórica de combustión como aquella que alcanzan los productos obtenidos cuando pueden retener la totalidad del calor producido por Kg de combustible. En este caso estamos haciendo referencia al P_i.

Si tenemos en cuenta que la combustión se ha realizado con exceso de aire, el peso de los gases que absorben ese calor será:

$$G = 1 + nA_t - w$$

Siendo w: El peso de cenizas resultantes.

Luego si consideramos que hay pérdidas de calor al exterior y que la combustión en el hogar no tiene un rendimiento del 100%, se deberá afectar al P_i de un coeficiente de pérdidas ξ el cual está dado por la experiencia en base al diseño de la instalación. Su valor puede oscilar entre $0,45 \leq \xi \leq 0,70$.

Con estos datos se puede aplicar la ecuación calorimétrica:

$$P_i^{'} = GC_p(t_f - t_o)$$

siendo

$$P_i^{'} = \xi P_i$$

En este caso, C_p es calor específico de los gases a presión constante, pudiéndose tomar el del aire. La temperatura t_0 es la del aire antes de ingresar a la cámara de combustión.

Luego:

$$t_f = \frac{P_i^{'}}{(l.nA_t - w)C_p} + t_0$$

Una forma más corriente, es la utilización del diagrama (h-t) de Rosin y Fehlin basado en datos estadísticos.

Pasaremos a continuación a determinar la forma de utilización del mismo.

El porcentaje relativo de exceso de aire Δ lo podemos definir como

$$\Delta = \frac{A_r - A_t}{A_t} 100$$

A_r : Es el número de kilogramos o de kilomoles reales.

A_t : Es el número de kilogramos o de kilomoles estrictamente necesarios.

Para el caso de combustión a presión constante utilizamos este gráfico donde i es la entalpía por m^3 de humos en condiciones normales, ($1atm$ y $273^\circ K$) y T es la temperatura. X es el grado de dilución.

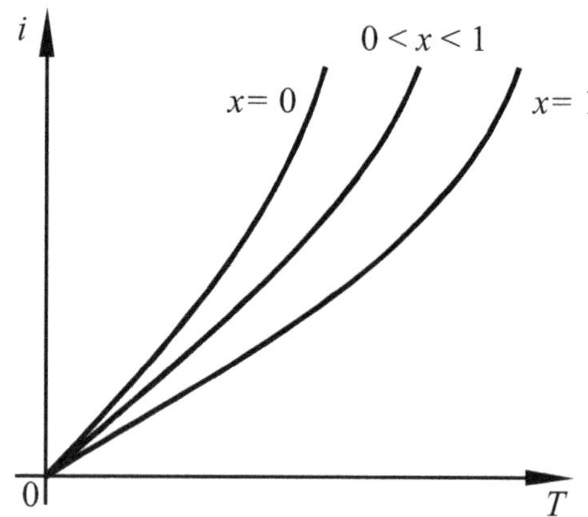

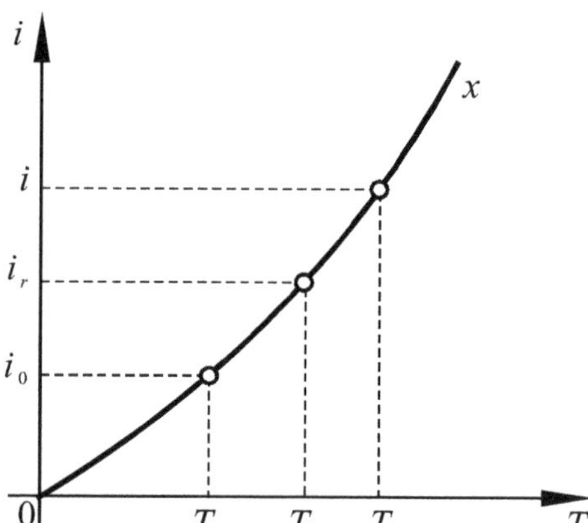

Figura 14.1.

$$X = \frac{n_{ea}}{n_{hp} + n_{ea}}$$

Donde:

n_{hp} : Kilomoles de humos puro.

n_{ea} : Kilomoles de exceso de aire.

Además:

$$n_{hp} = n_{CO_2} + n_{HO_2} + n_{Nn}$$

El valor de X puede oscilar entre 0 y 1, o sea $0 \le X \le 1$, será $X = 0$ cuando se trate de humos puros y $X = 1$ cuando sea aire puro.

Conociendo la temperatura inicial T_0 de la mezcla aire combustible y el grado de dilución X, se entra con T_0 hasta la línea de grado de dilución X, obteniéndose sobre las ordenadas el valor de i_0. El valor anteriormente encontrado, estará dado en unidades de energía por m^3 de humos en condiciones normales.

Teniendo el poder calorífico del combustible utilizado, se puede sumar a i_0 el calor aportado por m^3 de humos en condiciones normales.

Para ello se aplica la siguiente relación:

$$\frac{P_i}{nV_0} = i - i_0$$

Siendo en este caso:

P_i : Poder calorífico inferior.

V_0 : Volumen de un Kilomol.

n : Kilomoles totales de humo.

$n = n_{hp} + n_{ea}$

Desde h se traza una paralela al eje de abcisas hasta cortar la curva de dilución X, quedando determinada la temperatura máxima de combustión T.

Si la temperatura de régimen T_r (temperatura a la cual debe mantenerse interiormente) es conocida, se podrá determinar el calor aprovechado haciendo la diferencia de $(h - h_r)$. Luego el rendimiento de la combustión será:

$$\eta_{comb} = \frac{i - i_r}{i - i_0}$$

Problemas

Problema 1.

Calcular la cantidad de aire en m^3 / min a $0{,}9 atm$ (presión de entrada) y $30^\circ C$ de temperatura, para la combustión de un hogar que tenga un rendimiento del 80% y que entregue $1000 HP$. Suponiendo que se adopte un exceso de aire del 30% para quemar una mezcla de combustible líquido $70/30$, cuyo análisis en peso es el siguiente.

$$C : 83{,}2\% - H_2 : 14{,}5\% - O_2 : 2{,}0\% - S : 0{,}1\% - H_2O : 0{,}2\%$$

Determinar además la potencia en KW necesaria para el ventilador suponiendo para el mismo un rendimiento del 80%.

$$N = \frac{1000}{0,8} = 1250HP$$

$$1HPh = 632Kal$$

$$Q = 632.1250 = 790000Kcal/h$$

$$P_i = 8100C + 29000\left(H - \frac{0,02}{8}\right) + 2500S - 600.H_2O$$

$$P_i = 10873,00Kcal/Kg.$$

$$Q = P_i G \therefore G = \frac{Q}{P_i} 72,65Kg/h$$

Suponemos un grado de humedad $\varphi = 80\%$ a $30^{\circ}C$ de temperatura.

$$P_v = 432,5Kg/m^2$$

$$P_a = 9897,02Kg/m^2$$

$$\frac{P_v}{P_a} = 0,0437$$

$$f = 1 + 0,0437.0,80 = 1,034$$

$$A_t = 1,034.7,363 + 3,830 - 0,062 = 11,63m^3/Kg$$

$$A_r = 1,30.11,63 = 15,11m^3/Kg$$

$$A_{total1} = A_r G = 15,11.76,65 = 138,18m^3/seg$$

Potencia necesaria para el ventilador

$$N_{KW} = \frac{pG_v}{60\eta} = \frac{88,20Kpa.0,321m^{3/seg}}{0,80} = 35,39KW$$

Problema 2

En un ciclo de Rankine con sobrecalentamiento el vapor entra a la turbina a la presión de $12atm$ y $360^{\circ}C$ y se expande isoentrópicamente hasta la presión del condensador, igual a $1atm$. En el hogar de la caldera se quema carbón de $P_i = 6300Kcal/Kg$ con un exceso de aire del 30% a presión constante y temperatura inicial de $20^{\circ}C$. La combustión se supone completa y adiabática, estimándose una temperatura de régimen igual a $260^{\circ}C$.

Calcular:

Cuantos Kg de vapor deberán quemarse por KWh de trabajo entregado. Se supone un 80% de C y el resto cenizas.

Con ayuda del diagrama de Mollier y las tablas de vapor de agua obtenemos los valores correspondientes a cada punto (estado).

$$Q_c = m_c(i_1 - i_4)$$

teniendo en cuenta el trabajo de la bomba con un rendimiento del 85%.

$$L_b = m_c v'(p_4 - p_3)$$

Luego el trabajo neto será:

$$L_n = L_e - L_b$$

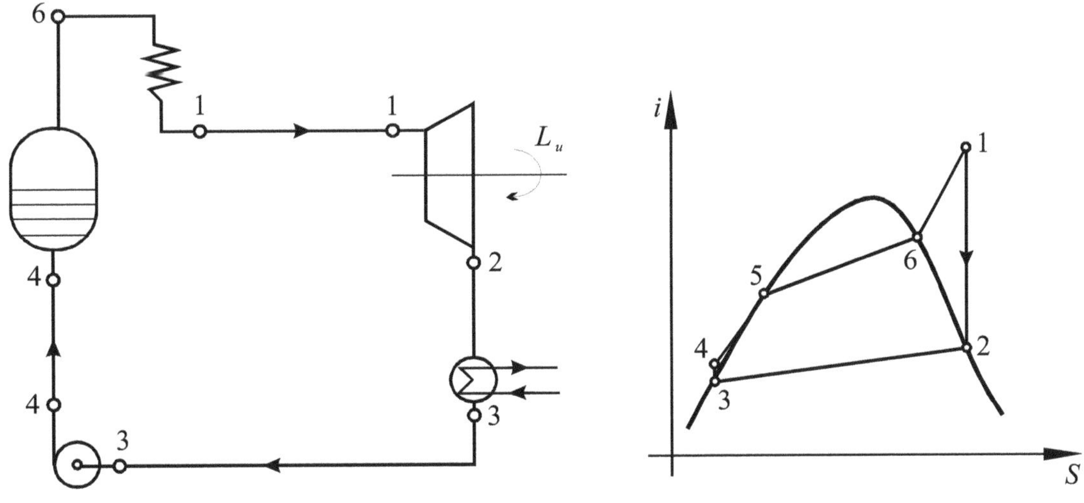

Figura 14.2.

Vamos a suponer una entrega de $1KWh$ y veremos cuantos Kg de combustible necesitamos.

$$m_c(i_1 - i_2) - m_c v'(p_4 - p_3) = 1\ KWh$$

Despejando tenemos:

$$m_c = \frac{1\ KWh}{(i_1 - i_2) - v'(p_4 - p_3)}$$

Sabiendo que el del ciclo es

$$\eta_1 = \frac{L_n}{Q_e}$$

determinamos el $Q_{e.}$

Pasamos a determinar la cantidad de combustible:

$$C + \frac{1}{2}O_2 \rightarrow CO_2$$

$$12Kg + 1Kmol \rightarrow 1Kmol$$

$\frac{1}{12}0{,}80 = 0{,}066Kmol$ de CO_2 / Kg de combustible.

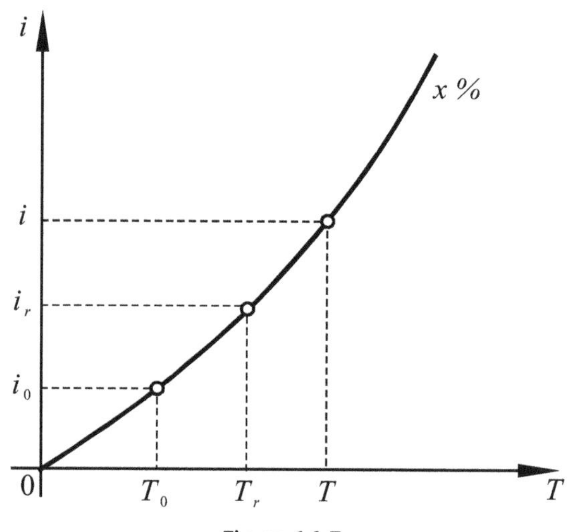

Figura 14.3.

A este valor se le debe agregar el exceso estimado;

$$e_{an} = n_{an}n$$

para el *N* será:

$$n_N = n_{an}0{,}79$$

Para los humos puros tendremos:

$$n_{hp} = n_{CO_2} + n_N \, .$$

Luego:

$$X = \frac{e_{an}}{n}$$

$$i - i_0 = \frac{P_i}{nV_0}$$

$$\frac{i - i_r}{i - i_0} = \frac{q}{P_i}$$

$$q = \frac{i - i_r}{i - i_0} p'_i$$

de donde

$$m_c = \frac{Q_e}{q} kg \text{ de } Comb / KWh.$$

Gráfico de Rosin y Ffehling

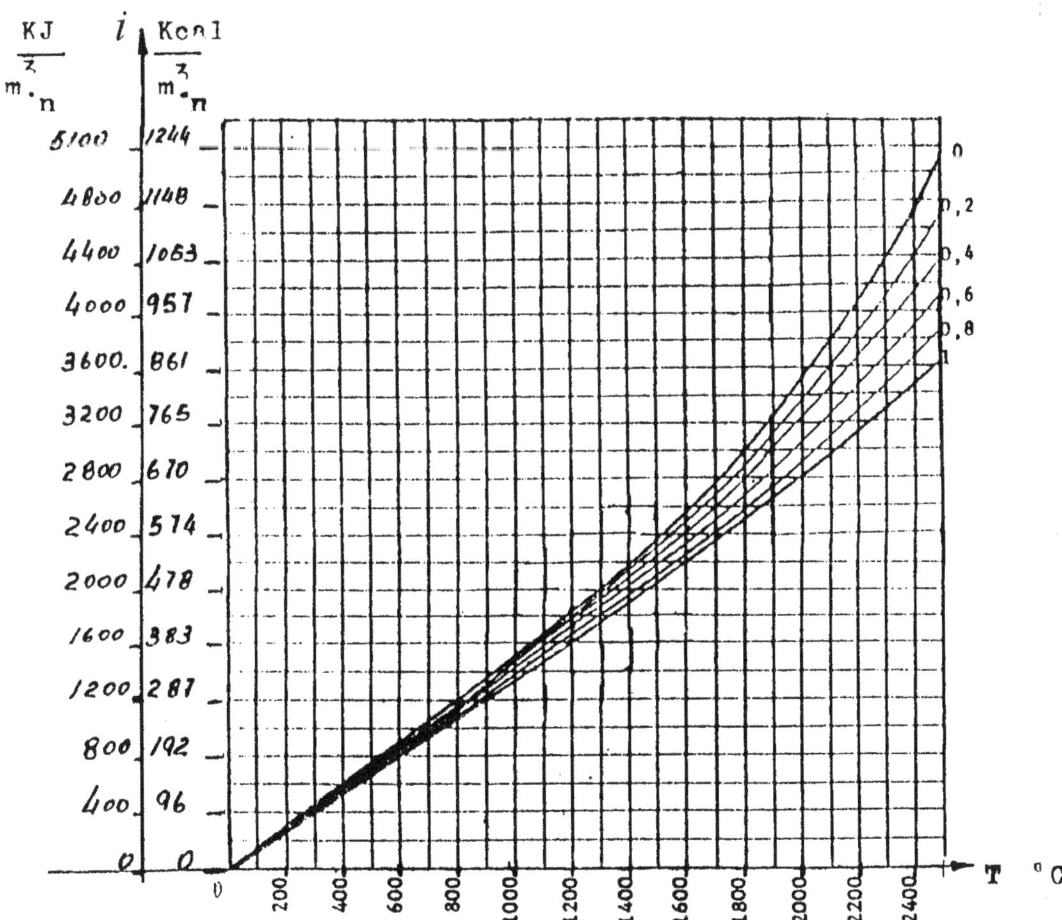

Temperatura teórica de combustión de diferentes combustibles

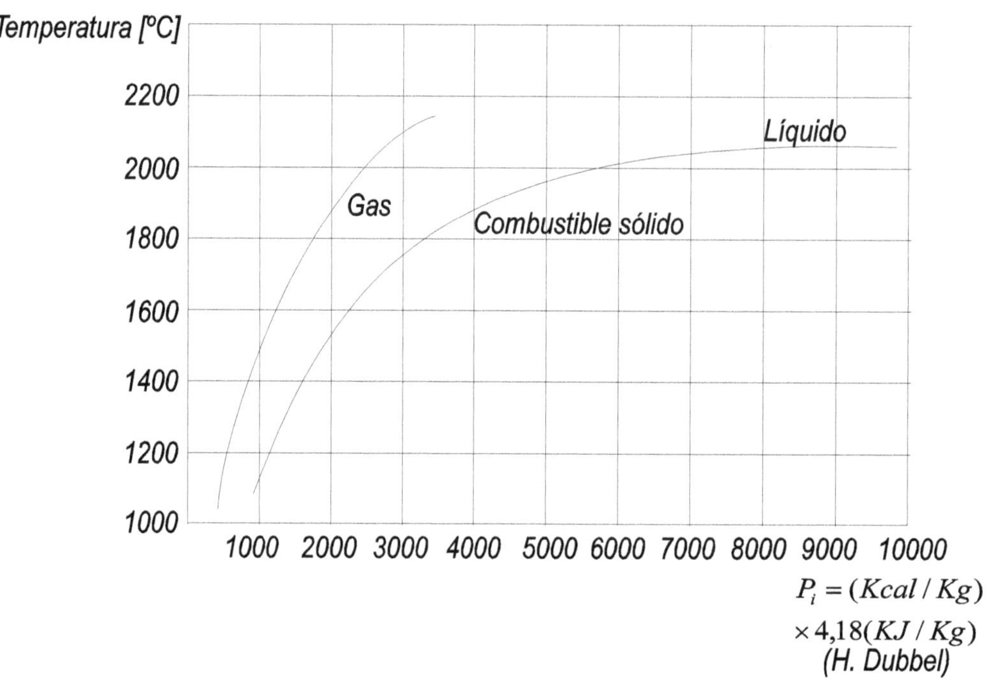

P_i libre de cenizas.

Bibliografía

- **Cengel; Boles.** *Termodinámica.*
- **Dubbel, H.** *Manual del Constructor de Máquinas.*
- **Dugan, Joans.** *Termodinámica Técnica.*
- **Estrada, A.** *Termodinámica Técnica.*
- **Facorro; Ruiz.** *Termodinámica Técnica.*
- **Faires, V.** *Termodinámica.*
- **García, A.** *Termodinámica Técnica.*
- **Glasstone.** *Termodinámica para químicos.*
- **Huang, F.** *Ingeniería Termodinámica.*
- **Kanzmanu.** *Teoría cinética de los gases.*
- **Kanzmanu.** *Termodinámica estadística.*
- **Kestin; Schmidt.** *Themodynamics.*
- **Kirillen.** *Termodinámica Técnica.*
- **Maldonado, A.** *Termodinámica Técnica.*
- **Ninci, Mario.** *Teoría d los Motores Térmicos.*
- **Ninci, Mario.** *Termodinámica Técnica.*
- **Ninci, Mario.** *Termodinámica.*
- **Ribelles; Prados y Grees.** *Termodinámica. Análisis Exergético.*
- **Sears.** *Calor y Termodinámica.*
- *Teoría del Aire comprimido.* ATLASCOPCO.
- **Wark; Richards.** *Termodinámica.*
- **Zemansky.** *Calor y Termodinámica.*

La presente edición de *Problemas de Termodinámica Técnica*, se terminó de imprimir en el mes de febrero de 2020 en Universitas.

Se imprimieron 500 ejemplares.
Impreso en Argentina

UNIVERSITAS
Editorial
Científica
Universitaria
CÓRDOBA

www.ingramcontent.com/pod-product-compliance
Ingram Content Group UK Ltd.
Pitfield, Milton Keynes, MK11 3LW, UK
UKHW061829190726
13853UKWH00009B/2514